舰船科普丛书

国之重器

中国船舶及海洋工程设计研究院
上海市船舶与海洋工程学会
上海交通大学

主编

海洋油气开发装备

魏跃峰　单铁兵　牟蕾频

编著

上海科学技术出版社

图书在版编目(CIP)数据

海洋油气开发装备 / 魏跃峰，单铁兵，牟蕾频编著.
—上海：上海科学技术出版社，2019.8
（国之重器：舰船科普丛书）
ISBN 978-7-5478-4375-8

Ⅰ.①海⋯　Ⅱ.①魏⋯　②单⋯　③牟⋯　Ⅲ.①海上油

气田－油气田开发－装备　Ⅳ.①TE5

中国版本图书馆CIP数据核字（2019）第046237号

舰船科普丛书

海洋油气开发装备

中国船舶及海洋工程设计研究院
上海市船舶与海洋工程学会　**主编**
上 海 交 通 大 学

魏跃峰　单铁兵　牟蕾频　**编著**

上海世纪出版（集团）有限公司
上 海 科 学 技 术 出 版 社　出版、发行
（上海钦州南路71号　邮政编码200235　www.sstp.cn）
上海盛通时代印刷有限公司印刷
开本 787×1092　1/16　印张 13.5
字数 220千字
2019年8月第1版　2019年8月第1次印刷
ISBN 978-7-5478-4375-8 / TE·2
定价：80.00元

内容提要

　　随着全球经济的不断发展，人们对能源需求越来越多。目前，陆上油气资源日趋枯竭，人们逐渐把油气开发的目光转向浩瀚的海洋。海洋油气开发装备是勘探、开采海洋油气的工具，也是一个国家科技实力的象征。

　　本书从各个方面、多个角度、图文并茂地向广大读者介绍国内外海洋油气开发装备100多年的发展史，生动形象地描绘各类装备的结构特点和关键系统，并阐述各类装备设计、建造、安装、作业以及拆除的关键技术，充分展示中国海洋油气开发装备的发展历程，并与读者一起畅想海洋油气开发装备的未来，激励广大青少年朋友奋发图强，投身到海洋油气开发装备建设事业中，放飞青春的梦想。

国之重器 —— 舰船科普丛书

编委会

■ 主　任 —————————————

邢文华

■ 副主任 —————————————

黄　震　卢　霖　林　鸥　盛纪纲　胡敬东
韩　华　张　毅

■ 委　员 —————————————

陈　刚　沈伟平　姜为民　李小平　黄　蔚
赵洪武　王　洁　冯学宝　王　磊　张莉芬
张达勋　张　超　景宝金　吴伟俊　倪明杰
许　刚　孟宪海　王文凯　韩　龙　余继亮

国之重器 —— 舰船科普丛书

专家委员会

■ **主 任** ————————————————

曾恒一　潘镜芙

■ **副主任** ————————————————

韩 华　郑茂礼　郑 晖　杨德昌　田小川

■ **委 员** ————————————————

王佩宏　张照华　郭彦良　张关根　杨葆和

俞宝均　张文德　张福民　涂仁波　毛献群

张祥瑞　马 涛　吴正廉　徐寿钦　陈德耀

张仲根　戴自昶　张 帆　田立群　罗杏春

马炳才　刘厚恕　张太佶　张富明　李志刚

李新仲　谢 彬　王建方　李刚强　吴 刚

徐 萍　王彩莲　张海瑛　仲伟东　于再红

丁伟康

国之重器 —— 舰船科普丛书

编辑部

■ 主 编 ————————————————————

张 毅

■ 编写人员（以姓氏笔画为序）————————

于再红　卫琛喻　王 庆　王 建　王 莉

王建方　韦 强　曲宁宁　任 毅　刘积骅

祁 斌　牟朝纲　牟蕾频　杨 添　李 成

李刚强　李招凤　吴贻欣　邱伟强　张宗科

张富明　林伍雄　范永鹏　尚亚杰　尚保国

罗杏春　单铁兵　赵吉庆　段雪琼　俞 赟

施 璟　洪 亮　姚 亮　贺慧琼　秦 硕

徐春阳　唐 尧　陶新华　黄小燕　曹大秋

曹才轶　曹永恒　梁东伟　韩 龙　虞民毅

魏跃峰

总　序

　　海洋之美，浩瀚、静谧、神秘。人类生存的地球表面71%覆盖着海洋，陆地被海洋包围着，仿若不沉之"舟"。

　　中华人民共和国，既是一个拥有960万平方千米陆地疆域的陆地大国，也是一个东部和南部大陆海岸线约1.8万千米、内海和边海的水域面积约470万平方千米、海域分布有大小岛屿7 600多个的海洋大国。提高海洋资源开发能力、发展海洋经济、保护海洋生态环境、坚持维护国家海洋权益、建设海洋强国，事关国家安全和长远发展，也对实现中华民族伟大复兴的中国梦具有十分重要的战略意义。

　　工欲善其事，必先利其器。经略海洋，装备当先。只有拥有强大的海洋装备作支撑，才能形成强大的海上力量，才能保障安全可靠的海上能源和贸易通道，才能拥有海洋权益的话语权。能犁开万顷碧波的舰船，正是建设海洋强国的"国之重器"。

　　经过几代中国舰船人的努力，我们取得了骄人的成绩。第一艘航母已交接入列，第二艘航母又下水海试；新型弹道导弹核潜艇受到世界各国的关注；"滨州"号护卫舰、"昆仑山"号船坞登陆舰等在亚丁湾为过往船舶保驾护航；"临沂"号护卫舰参与也门撤侨，彰显大国担当；"和平方舟"号医院船多次赴海外开展医疗服务和救灾援助；自主设计制造的20 000箱超大型集装箱船助力中欧航线的运输；"天鲲"号绞吸挖泥船向世界展示什么叫作历练终成金；"雪龙2"号科考船即将承载起极地探索的使命……

　　这一个个令人振奋的消息背后，是"国之重器"建设大军只争朝夕、锐意进取、拼搏奋斗、攻坚克难的身影。"功以才成，业由才广"，世上一切事物中人是最宝贵的，一切创新成果都是人做出来的。硬实力、软实力，归根到底要靠人才实力。科技发展史证明：谁拥有了一流创新人才、拥有了一流科学家，谁就能在科技创新中占据优势。

　　在中国建设海洋强国的道路上，"国之重器"建设大军的每一个岗位都必须后继有

人，有人传承，有人接班！

少年强则中国强。为增强青少年的海洋和国防意识，普及舰船和海洋工程科学知识，我们编撰了一部以青少年为主要对象、面向公众的科普读物"国之重器——舰船科普丛书"（简称"丛书"）。丛书以舰船为主线，全面展现新中国成立近70年以来，自主研制国之重器的艰难历程及取得的辉煌成就，使广大青少年从中汲取知识、增长才干、坚定信念、强化担当。

这套丛书共20分册，涵盖海洋防卫、海洋运输、海洋科考、海洋开发等方面，包括：海上霸主——航空母舰、深海巨鲨——潜艇、海上科学城——航天测量船、探究海洋奥秘的科学考察船、造船工业皇冠上的明珠——液化气运输船、海上巨无霸——集装箱船、超大型油船、造岛神器——大型挖泥船、海上石油城——钻井平台等。

丛书由从事舰船和海洋工程科研、设计、建造的100余位专家、技术骨干和青年科技工作者执笔，并经30余位专家审阅，历时2年编写而成。

当代青少年和公众涉猎面广，超前意识和多维立体思维能力强，具有令人刮目相看的理解能力。丛书撰写者充分考虑到青少年和公众读者的阅读要求，量身定制、兼收并蓄，将舰船知识图谱化，采用重点讲解、型号示例等方法，使专业知识通俗易懂，增强了丛书的可读性。

博览众采，传承知识。丛书通过科学的体例设置，涵盖军用舰船、民用船舶和海工装备的相关知识，体系庞大而有序，知识通俗而有内涵，突出展现了丛书内容的鲜明特色，使广大青少年读者一书在手，舰船在胸。

—— 图谱化的舰船知识。丛书坚持知识性与趣味性相结合，以图文并茂的形式对一些典型舰船进行集中讲解，以便让读者掌握舰船的特点。

—— 通俗化的专业知识。丛书坚持专业性与通俗性的有机结合，用朴实的篇章构建舰船知识链，用易懂的语言精准描述舰船的工作原理、性能特点。

—— 人文化的历史知识。丛书追溯舰船诞生的起点，展望舰船发展的未来，彰显舰船历史的人文特色，描绘出一幅幅人类设计建造舰船、塑造海洋文明的生动画卷。

拓展视野，启迪心智。丛书以舰船为载体，为广大青少年读者打开了世界舰船知识之门、中国舰船科技之窗，让读者驾驶生命之船，扬起思想风帆。

—— 认清大势，强化理念。丛书以舰船为媒，引导读者正确认识世界和中国。半个多世纪风雨兼程，中国船舶装备在变，舰船航迹在变，唯有"国之重器"建设者们"忠于党、忠于人民、忠于国家"的初心不改，信仰不变，继续弘扬突破自我、敢为人先的工匠精神，锲而不舍，发愤图强，国家利益所至，科技创新必达！

—— 明确主题，播种梦想。丛书以中国舰船制造励精图治、自力更生、发奋图强、勇创辉煌的历史红线，为每个青少年播种梦想、点燃梦想，让更多青少年敢于有梦、勇于追梦、勤于圆梦。

激扬青春，陶冶情操。理想指引人生方向，信念决定事业成败。丛书倾诉舰船昨天之历史故事，弹奏舰船今天之恢弘篇章，高歌舰船明日之瑰丽远景。

—— 弘扬爱国主义精神。丛书立足民族、面向世界，旨在激发广大读者的爱国情怀；以科学的视角，生动介绍了新中国成立以来我国舰船及海洋工程研制所取得的成就，讲述一代又一代科技人员怀着深厚的爱国情怀，为中国舰船事业发展所作的贡献。

—— 倡导奋进创新思想。丛书用世界舰船的历史史实启发读者认知：创新是民族进步的灵魂，是一个国家兴旺发达的不竭源泉。广大青少年读者应敢为人先，勇于解放思想、与时俱进，敢于上下求索、开拓进取，树立雄心壮志，努力超越前人。

—— 激励艰苦奋斗精神。丛书用中国舰船的历史史实引领读者感悟，我们的国家、我们的民族，从积贫积弱一步一步走到今天的繁荣富强，靠的就是一代又一代人的顽强拼搏，靠的就是中华民族自强不息的奋斗精神。

2016年5月30日，习近平总书记在全国科技创新大会、两院院士大会、中国科协第九次全国代表大会上的讲话指出：科技创新、科学普及是实现创新发展的两翼，要把科学普及放在与科技创新同等重要的位置。希望广大科技工作者以提高全民科学素质为己任，在

全社会推动形成讲科学、爱科学、学科学、用科学的良好氛围，使蕴藏在亿万人民中间的创新智慧充分释放、创新力量充分涌流。"国之重器——舰船科普丛书"正是习近平新时代中国特色社会主义思想的生动实践。

　　愿："国之重器——舰船科普丛书"构建一座智慧的熔炉，锻造中国青少年威武铁甲！

　　愿："国之重器——舰船科普丛书"筑起一个知识的平台，助力中国青少年纵横海疆！

　　愿："国之重器——舰船科普丛书"插上一双理想的翅膀，引领中国青少年翱翔海天！

曾恒一　潘镜芙

中国工程院院士

2018年8月

前　言

　　随着全球经济的不断发展，能源生产与消费量保持着持续的增长，陆上资源已越来越不能满足人类日益增长的需求。为了解决能源危机问题，人类不得不把目光投向占地球面积三分之二以上的海洋。浩瀚的大海里蕴藏着人类所需要的丰富资源，如海水化学资源、海底矿产资源、海洋动力资源和海洋生物资源。海洋工程装备就是开发利用这些资源的工具。

　　本书的内容共包括七部分。第1章为概述，介绍了石油、天然气的用途，海洋油气资源的分布，以及海洋油气开发装备在海洋油气开采中的作用；第2章介绍了各种海洋油气勘探装备；第3章介绍了我国海洋油气勘探装备的发展；第4章介绍了海洋油气生产装备；第5章介绍了海上油气的处理、存储与外输装备；第6章介绍了海洋油气开发装备建造、运输、安装和拆除的过程；第7章介绍了海洋平台未来的发展趋势。

　　本书重点介绍了导管架平台、自升式平台、浮式生产储卸油装置、半潜式平台、张力腿平台和立柱式平台等。本书的编写旨在向广大青少年和公众读者科普海洋油气开发装备的有关知识，使广大读者能够更好地了解认识海洋油气开发装备的类型、特点和功能，从而对其产生浓厚的兴趣。限于作者的经验和水平，书中难免出现不妥之处，诚请广大读者批评指正，我们将不胜感激！

编　者

2018年 11月

舰船科普丛书

目 录

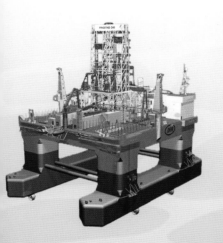

第3章
我国的海洋油气勘探重器 / 59

第4章
开采海底油气宝藏的重器——海洋油气生产装备 / 85

第5章
海上油气加工厂——油气处理、存储与外输装备 / 125

第6章
海洋油气开发装备的生命历程——建造、运输、安装与拆除 / 159

第7章
海洋平台未来发展趋势 / 187

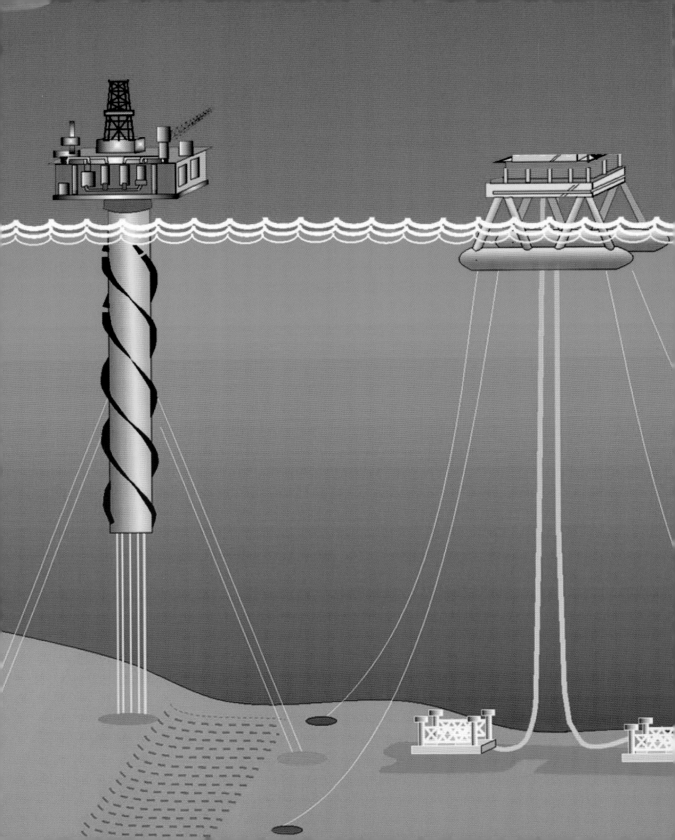

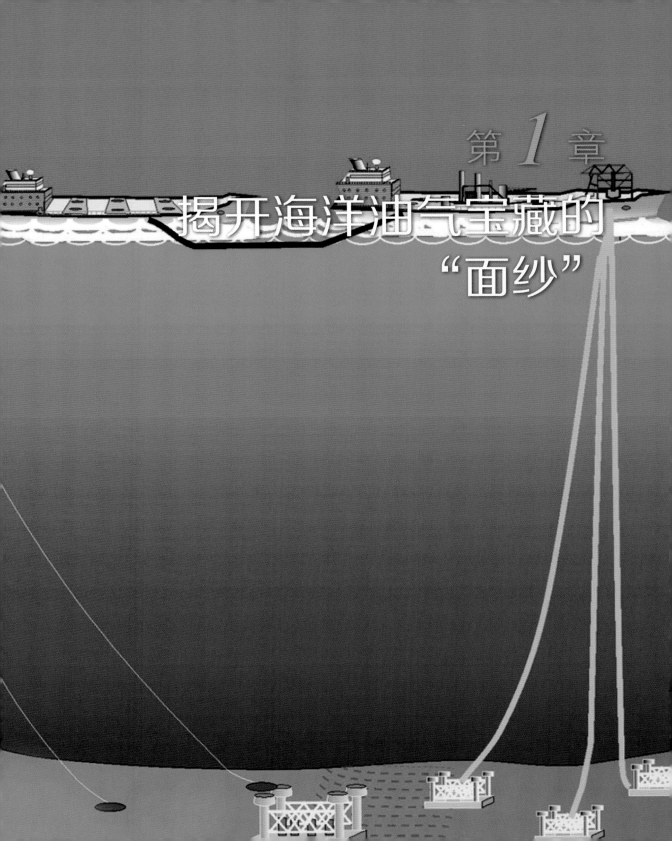

第 *1* 章
揭开海洋油气宝藏的
"面纱"

地球表面被各大陆和水覆盖，其中广大水域称为海洋。海洋的总面积约为3.6亿平方千米，约占地球表面积的71%，海洋中也有高山平地，海水有深有浅，平均水深约3 795米。海洋中含有超过13.6亿立方千米的水，除少量陆地上江河湖泊内的水外，海水约占地球总水量的97%；地球上有四大洋：太平洋、印度洋、大西洋、北冰洋，它们覆盖在地球表面，从卫星上看，地球表面几乎全是水。到目前为止，人类已探索的海底只占5%，还有95%的海底是未经探索且知之甚少，但是人类探索海洋奥秘的脚步却从未停止。

人类发展不可或缺的资源

能源

能源是自然界中可为人类生活和工业生产提供能量的物质资源。一般来说，能被人们利用获得有用能量的各种物质资源，都可以称为能源。能源可产生如热量（能）、电能、光能和机械能等。能源分为一次能源和二次能源，煤炭、石油、天然气、煤层气、水能、风能、太阳能、地热能、生物质能等可从

> 图1 物产丰富的海洋

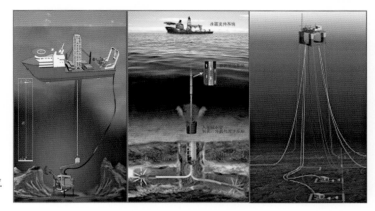

> 图2 深海矿藏、可燃冰、油气开发

自然界直接获取的称为一次能源；而电力、核能、热力、成品油等需进行加工后获取的称为二次能源。因此，一次能源是大自然对某一国家或地区的馈赠；二次能源则是这个国家或地区的国力和技术的结晶。

现代工业社会的动力源

石油与天然气

目前，世界上常见的能源有石油、天然气、煤炭、核电、水电，其中石油占了大多数（33%），其次是煤炭（30%），接下来是天然气（24%），其后是水电和核电（各占7%和4%），而煤炭因其燃烧产生的污染严重，正在迅速减少用量，因此石油和天然气是当今世界上最常用的能源。

 工业的血液——石油

石油是从地下开采出来的一种黏稠的深褐色液体，在工业和日常生活中有广泛的用途，因此被称为"工业的血液"。

石油可提炼成燃油，72%的石油用于制成各种燃油，如发电、取暖用锅炉的燃

> 图3　汽车加油

> 图4　润滑油

料油，汽车、轮船等交通工具使用的汽油、柴油，飞机用的航空煤油。

石油中也能提炼出润滑油、润滑脂（黄油或牛油）及液压油，广泛用于各种机器的润滑和液压机械。如果没有润滑，运动件和固定件接触处就会因干摩擦而发热损坏，几乎所有的机械都不能正常运转。润滑油里面大量的成分来源于石油，较常见的润滑油是汽车发动机用的润滑油，俗称机油。

石油提炼出燃油、润滑油后的剩余物可以制成沥青，俗称柏油。沥青大量用于公路建设，全球有1 700多万千米的公路上铺设有沥青，可以想象沥青的用量有多大。

石油除生产出燃油、润滑油、沥青之外，还有一个大用途就是作为化工原料，通过化学反应生产出五花八门的塑料、化纤、清洁用品和化妆品等，甚至我们吃的食品都和石油间接相关，形成了一个重要的产业——石油化工。

石油的亲兄弟——天然气

天然气是在石油生成过程中一起出生的亲兄弟，它来自炼油厂的副产品，大量的来自油气田或气田。天然气主要成分是甲烷等可燃气体，燃烧后产生水和二氧化碳，但它比煤炭和燃油燃烧产生的二氧化碳减少了2%，氮氧化物、硫氧化物、颗粒排放物几乎为零，因此是干净、清洁又高效的能源，可用作工业生产和人民生活

> 图5　家用天然气灶

大气污染，而采用压缩天然气作为汽车能源，则可以减轻大气污染，同时还具有成本费用低、对发动机磨损小等优点，是一种环保型的汽车能源。

以天然气替代煤炭和燃油作为燃料，使燃气轮机发电机组发电供电企业的废物排放量大大降低，且发电效率高，建设成本低，建设速度快。

天然气是重要的化工原料，也是氮肥的最佳原料，天然气制成的氮肥占全球氮肥产量的80%。

天然气动力

> 图6　天然气动力汽车

的燃料。许多城市居民通过安装到户的天然气管道，方便地用上了这种优质燃料。

据统计，汽车尾气造成城市60%的

> 图7　天然气发电站

坚强后盾

海洋油气资源潜力巨大

据统计，地球上石油最终可采资源量为 4 138 亿吨，其中，陆地石油储量 2 788 亿吨，已探明储量约占 75%；海洋石油储量约 1 350 亿吨，已探明储量仅占约 28%。全球天然气最终可采资源量为 436 万亿立方米，其中，陆地天然气储量 296 万亿立方米，已探明储量约占 58%；海洋天然气储量约 140 万亿立方米，已探明储量仅占约 29%。

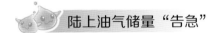

陆上油气储量"告急"

地球上石油资源的分布极不均衡，中东地区的蕴藏量可与世界其他地方蕴藏量之和相当。由于中东地区的地理优势与陆上石油开发的经验积累，石油储量的重心就向北半球倾斜。东西半球的储量分配大约七三开，南北半球之间则是一比三。从纬度分布上看，储量大油田主要集中在北纬20～40度和50～70度两个纬度带内。北纬20～40度内有波斯湾、墨西哥湾以及北非油田；北纬50～70度之间则有英国北海油田、俄罗斯伏尔加与西伯利亚油田、加拿大阿尔伯达油田，以及美国阿拉斯加油田等。

近年来全球石油勘探新增储量明显走低，2018年全球石油勘探新增储量仅94亿桶。油气勘探新增探明储量的走低，至少可以说明这么一点：陆上油气资源的确开始枯竭了。目前，全球90%的陆上油田已开采多年，单口油井面临着产量下降风险。以我国大庆、胜利两大主力油田为例，投产时间均已超过50年，采出油量已达到75%以上，总体已进入产量递减阶段。陆地石油勘探开发的历史迄今已经超过130年，陆地油气资源经过上百年的开采，即将进入衰退期。

海洋油气资源成为"坚强后盾"

海洋是人类巨大的宝库，不仅具有丰富的渔业资源和矿产资源，还蕴藏着极其丰富的石油和天然气资源。全球海洋油气资源潜力巨大，勘测前景良好。

全球海洋油气分布的"三湾、两海、两湖"

世界海洋油气资源与陆上油气资源一样，分布极不均衡。海洋油气资源主要分布在大陆海岸的自然延伸，即大陆架上，约占全球海洋油气资源的60%。

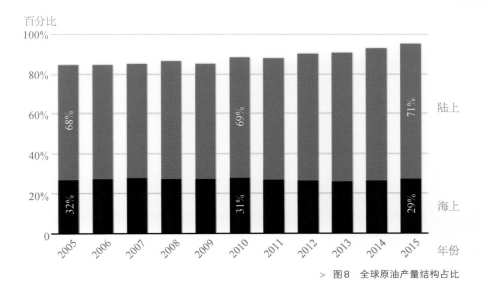

> 图8　全球原油产量结构占比

在全球数十处近海大陆架中，油气含量最丰富的数波斯湾海域，约占总储量的一半；第二位是南美洲委内瑞拉的马拉开波湖海域；第三位是英国北海海域；第四位是墨西哥湾海域；第五位是亚太、西非等近海海域。"三湾、两海、两湖"是指波斯湾、墨西哥湾和几内亚湾；北海和南海；里海和马拉开波湖。

我国海洋油气分布

中国是个拥有大幅海洋面积的国家，海洋国土由黄海、渤海、东海和南海组成，面积约300万平方千米，约为陆地国土面积的三分之一。海岸线长度为1.8万千米，居世界第四位；大陆架面积居世界第五，距岸线200海里的专属经济区面积为世界第十。

渤海油气盆地，面积约8万平方千

小 贴 士

大 陆 架

大陆架是大陆沿岸土地在海面下向海洋的延伸，可以说是被海水所覆盖的大陆。在过去的冰川期，由于海平面下降，大陆架常常露出海面成为陆地、陆桥；在间冰期（冰川消退，如现在），则被上升的海水淹没，成为浅海。

大陆架含义在国际法上指邻接一国海岸但在领海以外一定区域的海床和底土。沿岸国有权为勘探和开发自然资源的目的对其大陆架行使主权权利。大陆架有丰富的矿藏和海洋资源，已发现的有石油、煤、天然气、铜、铁等20多种矿产；其中已探明的石油储量是整个地球石油储量的三分之一。

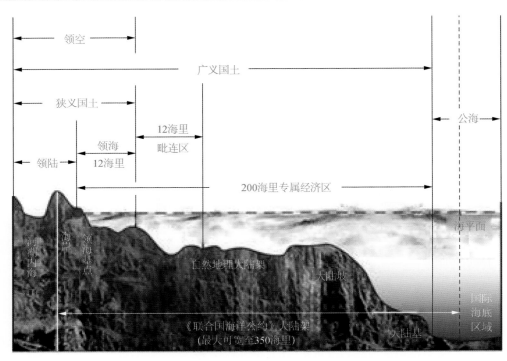

> 图9 大陆架

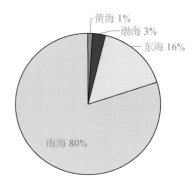

> 图10 我国各海域的石油储量比例

米,是辽河油田、大港油田和胜利油田向渤海的延伸,也是华北盆地新生代沉积中心,沉积厚度达10 000米以上。该海域是我国油气资源比较丰富的海域之一。目前,在辽东湾发现了石油地质储量达2亿吨的"绥中36-1"油田、"锦州20-2"凝析油气田和"锦州9-3"等油气田;在渤海中部发现了"渤中28-1"油田和"渤中34-2/4"油田。据中国石油天然气集团公司最近宣布,在渤海湾滩海地区冀东南堡油田共发现4个含油构造,基本落实三级油气地质储量(当量)10.2亿吨。

东海油气盆地,面积约为46万平方千米。东海盆地是我国近海已发现的沉积盆地中面积最大、油气开发远景最好

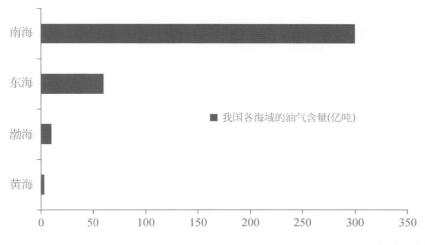

我国各海域的油气含量(亿吨)

> 图11 我国海洋油气储量分布

的盆地，该区的油气储量为40亿～60亿吨。主要包括"天外天"油气田、"春晓"油气田、"断桥"油气田、"残雪"油气田、"平湖"油气田等。

我国南海属于热带深海，油气资源潜力大，对我国石油安全具有重要的战略意义。据海南省政协提案提供的数据，到目前为止，南海勘探的海域面积仅有16万平方千米，而发现的石油储量有55.2亿吨，天然气储量有12万亿立方米。初步估计，整个南海的石油地质储量为230亿～300亿吨，约占中国总资源量的三分之一，属于世界海洋油气主要聚集中心之一，有"第二波斯湾"之称。据估计，南海油气的远景储量将超过500亿吨。

但南海油气开发尚处于起步阶段，实际储量尚未探明，大部分的油气藏又位于离大陆较远的南海南部，这些因素都对勘探技术提出很高的要求。

 海洋油气开发从浅水走向深水

20世纪70年代以来，世界海上油气勘探开发步伐加快。进入21世纪，大部分地区作业水深超过了500米，普遍进入了深水领域的油气勘探开发。

深水海域已成为全球油气资源的重要接替区。近年在全球获得的重大勘探发现中，有50%来自海洋，主要是深水海域。我国广袤的南海海域拥有丰富的油气资源，其中70%蕴藏于深海。

叹为观止的人类创举

海洋油气开发

目前，世界海洋油气开发已经具有相当规模，全球油气总产量中，来自海洋的部分占三分之一！2015年世界海洋石油年产量约为15.25亿吨，世界海洋天然气年产量约为120.30亿立方米。

由于海洋油气开发装备家族成员繁多，形状各异，结构复杂，梳理分类也各有一套。本书将从海上油气开发的生产过程入手，对主要家族成员进行介绍。

 海上油气开发的主要步骤与相关装备

海上地球物理勘探

工作目的 分析了解海底地下岩层的分布、地质构造的类型、油气聚集的情况，发现可能的油气田，确定勘探井的井位。

工作装备 物探船。

海上油气钻井勘探

工作目的 直接取得地质资料，通过分析地质资料，评价和确定该地质构造是否含油、含油量及开采价值。

工作装备 钻井装备，常用的是移动式平台，如坐底式钻井平台、自升式钻井平台、半潜式钻井平台和钻井船等。

海上油气田开发和工程建设

工作目的 钻生产井、完井，进行油气的采集、处理、储存、运输等生产设施的建设。形象的说法就是"海上起高楼（建造平台及上部结构），海底建管网（铺设输油管线和电缆等管网）"。

> 图12 物探船海上勘探作业

> 图13 海洋油气生产

生产井的钻井、完井以及采油管的建设，是油田建设的核心任务。在这一环节中需要建设生产平台，包括导管架平台或浮式平台，以及相应的上部结构与生产设备的运输、安装。

工作装备 以桩基式导管架固定平台为主，随着深海油气不断被开发，发展出了多种深水钻井平台（如张力腿平台、立柱式平台、半潜式平台）和浮式生产系统。该阶段的任务还需要多种大型工程船参与建设。

油气生产采集、储存、运输

工作目的 油气田建成后，从海底油井采出油气流；进行油气分离、油水分离等油气处理，形成原油并储存在储油容器中；对原油进行计量输出，并向外运输。

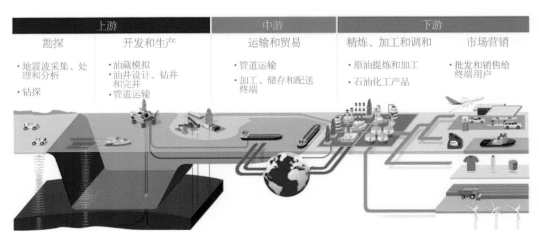

上游		中游	下游	
勘探	开发和生产	运输和贸易	精炼、加工和调和	市场营销
·地震波采集、处理和分析	·油藏模拟	·管道运输	·原油提炼和加工	·批发和销售给终端用户
·钻探	·油井设计、钻井和完井	·加工、储存和配送终端	·石油化工产品	
	·管道运输			

> 图14 油气产业全过程

工作装备　包括油气生产平台与浮式生产储卸油装置（FPSO）、穿梭油轮、海底输送管道、工程船等。

此外，海洋油气生产井长期作业过程中，还需要大量修井装备，如修井平台等。

 ### 海洋油气开发的主力装备——海洋平台

我们熟悉的海洋油气开发装备就是媒体上报道日渐增多的"海洋平台"了。海洋平台是一个统称，有多种类型和用途。它们给人的印象是一种海上的巨大结构物，功能如同一家中小型的油气工厂，是人类建造的海上建筑物中体量最大的类型之一。我们通常看到的只是它们的水上部分，水面以下还有非常庞大而复杂的结构。海洋平台只是海洋油气装备的部分主力成员，需要与其他相关成员配合工作，才能顺利完成海洋油气开发任务。

海洋平台除了作为海上钻井、采油、油气处理、储存、外输等油气开发生产的装备外，还有为建设油田服务的起重、铺管、生活的平台，以及其他用途使用（如观测、导航、施工等活动提供生产和生活）的平台。平台一般由上部结构、设施与设备、支承结构等组成。

海洋平台的简单分类

海洋平台按功能分类，有钻井平台、生产平台/中心平台、井口平台、储油平台、生活平台等。

钻井平台　主要有坐底式钻井平台、自升式钻井平台、半潜式钻井平台和钻井船等。因为希望在多个海区井位作业，能移位搬迁到下一个位置，钻井平台大多是移动式平台。

> 图15　海洋生产平台

海洋油气资源开发装备体系

- 钻井平台
  - 固定式
    - 固定钻井平台
  - 移动式
    - 坐底式钻井平台
    - 自升式钻井平台
    - 半潜式钻井平台
    - 钻井船
- 水下设备
  - 水下控制管线
  - 水下生产管线
- 生产平台
  - 固定式
    - 导管架平台
    - 重力式平台
    - 顺应塔平台
  - 移动式
    - 张力腿平台
    - 立柱式平台
    - FPSO
    - 半潜式平台
- 集输系统
  - 穿梭油轮
  - 液化气船
  - 水下集输管道
- 海工辅助船
  - 勘探船、调查船
  - 平台供应船
  - 铺管船、浮吊

> 图16　海洋装备体系

井架

钻井模块

生活模块

工艺模块

井台模块

电源模块

平台主体

> 图17　生产平台上的各种功能模块

　　生产平台　也称中心平台，是油气开采阶段最重要的装备。它集原油生产处理系统、公用系统、动力系统及生活模块于一体，可设置钻修井设备。它具有将各井口平台的井流汇流集中，并进行油气处理的能力，也能够向各井口平台提供动力，监控各井口平台的生产操作。采用的海洋平台主要有导管架平台、顺应塔平台、半潜式平台、张力腿平台、立柱式平台和重力式平台等。因为生产平台作业周期较长，需要提供给作业人员稳定的作业环境和安全舒适的居住环境，所以一般采用固定式（如导管架平台、顺应塔平台、重力式平台等）或半固定式平台（如张力腿平台、立柱式平台）。

　　井口平台　用于开采阶段。井口平台上安装采油树，井流经采油树采出后，经过计量，由海底管线输送到中心平台或其他生产处理设施上进行处理。井口平台上设有必要的工艺设备，以及支持系统和公用系统。井口平台的动力和控制一般由中心平台提供。

　　储油平台　提供生产平台所生产的原油短期储存的平台。

　　生活平台　为了满足常年海上作业的需要，安装宾馆式的生活设施，供船员生活起居的平台，可以算是一座漂浮的"海上酒店"。

　　按移动性分类，有固定式（重力式、导管架式、顺应塔式）和移动式（坐底式、自升式、半潜式平台和钻井船）。

海洋平台发展简史

　　相对陆上油气开发漫长的历史，海洋油气开发因为各种技术要求高，所以发展历史短得多。在海洋油气发展史上，固定式平台比移动式平台出现得早，在没有移动式平台的年代里，无论油气勘探

> 图18　生活平台

平潜式平台 立柱式平台 张力腿平台   FPSO

水下生产系统

> 图19 移动式平台各种类型比较

还是开发,都只能依靠固定式平台完成。

最初的海上油气开发是从紧靠海边的海滨钻井开始。为了建造稳固的海上油井,人们一开始采用向浅海填土、变海为陆的方法。

随着更大水深处的油气资源不断被发现,人们又尝试将独立的工作平台固定在水中,建立起固定式的海上平台。这些平台通常由混凝土或钢结构直接锚定在海底,为钻探设备、生产设施和居住区域提供一定的空间。

早期的固定式平台采用栈桥的建设思维,用密集的桩脚对平台进行固定。由于桩脚数量多,且桩脚长度随着水深增加而急剧增加,造成了巨量的钢材消耗,更难以避免海水对钢材的腐蚀。

于是又出现了钢筋混凝土的重力式平台,在防止海水腐蚀和节省钢材方面体现出优势。

这就是固定式平台的两种主要类型——导管架平台与重力式平台。重力式平台又被称为混凝土坐底式平台，而导管架平台因其应用灵活性，在固定式平台中成为主流。在水深约300米内的海域，固定式平台的安装是较为经济的。

随着海洋油气生产走向深海，传统固定式生产平台不能满足工作水深的需要，移动式生产平台便开始出现了，其中包括半潜式平台、张力腿平台、立柱式平台和浮式生产储油平台。

在油气勘探阶段，能否进行下一阶段开发的不确定性很大，辛苦建造的固定式平台常常因不能运往新的工作地点而白白报废。为了满足油气勘探的这一要求，移动式平台开始出现。移动式平台又被称为活动式平台，是为了适应勘探、施工、维修等海上作业必须经常更换地点的需要而发展起来的。移动式平台主要有坐底式平台、自升式平台、半潜式平台、钻井船等。

最先出现的移动式平台是坐底式平台，适用于水深30米以内的地方，它的工作水深是最浅的。随后出现的自升式平台工作水深范围在30～150米。更大的水深需要半潜式平台与钻井船。

 ## 海洋油气田的集输方案

已经开发的海上油田展现给人们的是由海上建筑群构成的壮丽景象，这其中就包含了海上油气集输建筑群。海上油气开采出来以后，在送到炼制厂之前，要经过复杂的处理过程，这就是油气集输。目前，海上油气田的集输方式有两种：全海式开发和半海半陆式开发。

半海半陆式开发

在海上进行油气初处理，把主要的油气深加工的集输设备及储存、外输工作放

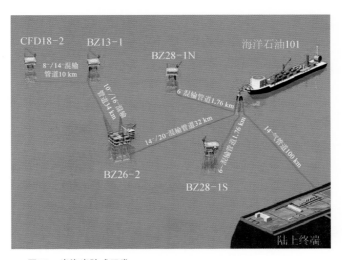

> 图20　半海半陆式开发

在陆地上的油气集输系统中。适用于油气田产量高、海底适合铺设输油管线,以及陆上有可利用的油气生产基地或油气田,尤其适用于气田的集输。半海半陆式开发工程除了平台、海管、海缆外,还包括陆地终端。

全海式开发

海上油气生产处理设备系统,以及为其提供集中、计量、处理的生产场地和支撑生产设备的结构物全部建在海上,处理好的油气可通过穿梭油轮运输到岸上。该方案简化原油和天然气的运输环节,可使油气田的开发向自然条件恶劣的深海和储量大的油气田拓展。适用于各个时期各种油气田的开发。开发工程包括平台、海管、海缆及 FPSO 系统。

海洋油气开发的特点

与一般工业产品或普通船舶产品相比,海洋油气开发装备以"三高"著称,即高风险、高技术、高投入。

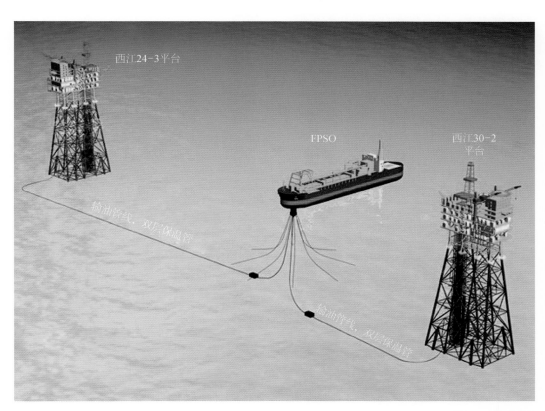

> 图21 全海式开发

高风险——海洋带来的挑战

海面辽阔，没有岛屿和其他建筑物遮挡缓冲，因此风浪破坏力巨大。海上采油平台长期定位在海上作业，经常会受到飓风的冲击。除风浪外，海面以下暗流涌动，对平台产生的作用力日积月累会对海上设施造成疲劳损伤，就像人得了腰肌劳损，虽然不是致命性疾病，但也会影响身体正常运转。另外，作业人员操作不当也是导致海洋平台事故发生的原因之一。

由于海洋平台空间有限，发生事故后的逃生途径较少，一旦发生事故，救援工作难度很大，只能依靠直升机和救援船，又要受到天气和海况的制约。

2010年4月20日，英国石油公司在美国墨西哥湾租用的钻井平台"深水地平线"号发生爆炸，该钻井平台在燃烧了36小时后沉入墨西哥湾，导致大量石油泄漏，酿成一场经济和环境的惨剧。

这次井喷爆炸着火事故是美国近50年来所发生的最严重的海上钻井事故，也是一次严重的海上环境和生态灾难。这次事故给人们带来了深刻的教训：

（1）设备性能再先进也不能放松安全工作。事故钻井平台是世界上最先进的平台之一，配备有先进完备的防喷器设备和溢流检测报警系统。但在事故发生时，诸多防喷设备不能正常发挥应有的作用，溢流检测系统也没有为现场人员报警，或报警后现场人员没有及时发现。

> 图22 "深水地平线"号事故现场

（2）低级的错误会导致大事故的发生。现场工作人员没有及时发现溢流或处理措施不当，造成了灾难性事故。细节决定成败，一个简单的疏忽会酿成惨剧的发生。

高技术——向更深更险的海域迈进

适应不同的水深环境与恶劣的海况 在汹涌澎湃的海洋环境中，海上钻井工作要考虑风浪、潮汐、海流、海冰、海啸、风暴潮和海岸泥沙运动的影响，还要能经受海水的腐蚀。随着水深的增加，开发难度更是骤增。

平台布置紧凑，自动化程度高 由于海上平台成本高昂，设计尺寸相比陆地更为紧凑，设备尺寸小、效率高。又由于海上工作人员少，对设备自动化程度要求高，一般都设置中央控制系统，对海洋油气集输和公共设施运输进行集中监控。

导航定位的要求 茫茫无际的海上缺少地形地标，如何进行导航定位，如何克服海浪导致的平台摇晃，是海洋平台必须解决的问题。

当前，世界海洋石油工业竞争的战场已经由浅水转向深水，而作为世界上最先进的第六代深水半潜式钻井平台，"海洋石油981"的最大作业水深为3 000米，最大钻井深度至10 000米，可在全球大部分海域作业。"海洋石油981"的安全性能也非常高，在海况恶劣的南海能抵御200年一遇的台风，水下防喷器能确保3 000米深水作业安全。

推动研究者向着更高技术迈进的原因主要是逐步加深的作业水深和由此带来的恶劣海况。海洋装备要在狂风巨浪中站得住、立得稳，必须要有强壮的体魄、良好的稳定性和优异的抗疲劳性能。以我国沿海为例，作业水深由北向南、由近及远越来越深，海况也越来越复杂。人类在无装备辅助下潜水最深不过百米，深水项目水

> 图23 风暴中的海洋平台

防 喷 器

油井钻井和采油生产时，安装在井口套管头上，用来控制高压油、气、水的井喷装置。在井内油气压力很高时，防喷器能把井口封闭（关死）。从钻井套管内压入重泥浆时，其闸板下有四通，可替换出受气侵的泥浆，增加井内液柱的压力，以压住高压油气的喷出。

> 图24　海洋平台上的模块布置紧凑

下作业都是在500米，甚至更深，这就需要技术先进、性能优越的水下机器人（ROV）来完成。使用方要做的是培养能够驾驭它们的技术人员，将它们的性能发挥到极致。

高投入——成本让经济有效开发更难

海上施工作业贵、设备设施贵、物资补给贵，这些都化为行业成本，因此经济有效开发油气田面临重重挑战。据统计，海洋油气开发成本随海洋环境和水深不同，为陆地开采成本的3～10倍之多。

在浅水海域，可以通过建造采油平台来完成原油采收，而在深海完成采收任务则需依靠浮式平台和水下生产系统。由于其身处数百米甚至千米水下，所有设施的零部件必须具备抗高压、高度密封等性能。这种水下设施价格不菲，而且这些尖端装备技术基本都掌握在国际上少数几家企业手中，采购周期长，后续维保费用高。

以"海洋石油981"为例，粗略计算，在千米水深处打井每天的租金就超过200万元，一口井钻井、完井约需数十天，仅此一项需花费1亿多元。水越深，难度越大，费用越高。在平均水深为20米的渤海湾，一口油井从发现到建成投产需要数千万元成本，而在南海，这一费用则飙升10倍。更大的挑战是，如此高投入最终还要确保产生高效益，这更是难上加难。

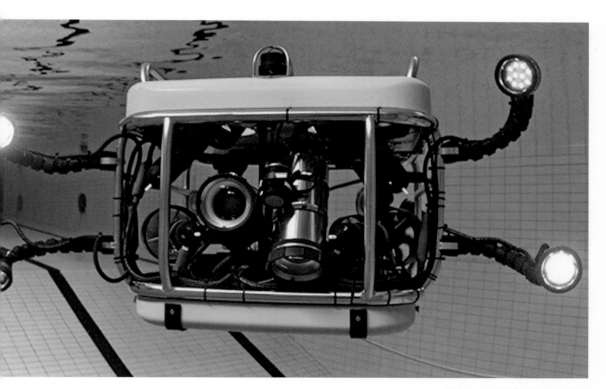

> 图25　水下机器人潜入深水作业

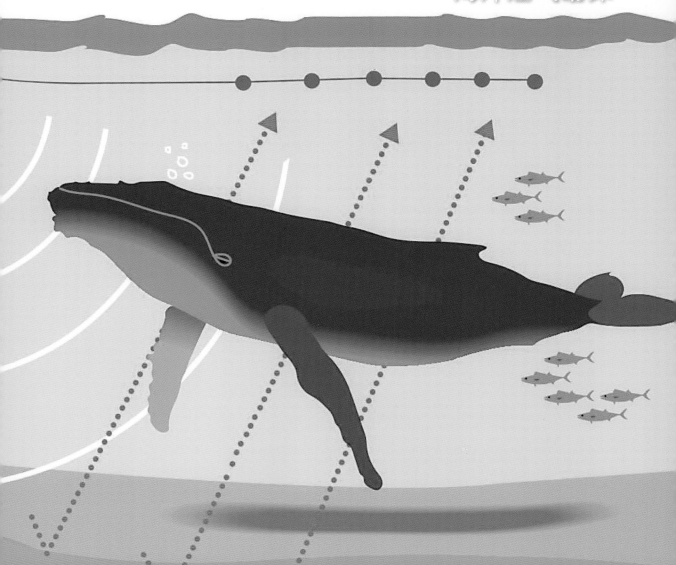

第2章

茫茫大海，哪里找油

——海洋油气勘探

海洋油气埋藏在海底以下数千米深的土层里，怎样才能穿过海水与土层的阻隔找到它们呢？这就需要通过海洋油气勘探，主要有两个步骤：第一步是通过物探船进行地球物理勘探，获取油气藏的位置概况；第二步则是根据地球物理勘探的初步结果，进一步通过海洋平台上的钻井设备钻井到油气藏的位置，对油层实施采样，详细分析判断油气藏的数据情况。

扫描探测海洋油气藏的"火眼金睛"

地球物理勘探装备

海洋物理勘探有海洋重力、海洋磁测、海洋地震等方法，目前使用最广泛的是海洋地震。

海洋地震是通过人工地震方法产生地震波（或称弹性波），地震波向水下及地层传播，当遇到地下岩层的分界面时，就会如声波遇到墙壁一样被反射回来。通过研究反射回的地震波传播特性及其规律，获取地壳地质结构和地层岩性特征，从而确定油气的位置、形态、规模等情况。

海洋矿藏的地球物理勘探主要的装备是物探船。物探船作业时，船向前方行驶，船后放出多条电缆。一根电缆能扫描100米左右宽的带状水面的回波信号。电缆

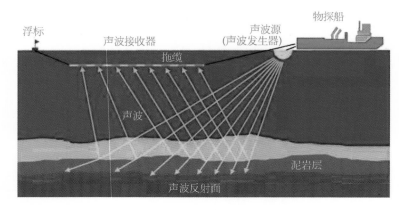

> 图26 海洋物理勘探原理示意图

之间相距100米，形成覆盖宽千米、长数千米的海区。物探船上配备有气枪，作业时气枪放入海水中，通过高压空气激发，在水中产生地震波，传到海底后，不同的地质构造（土、石等固体与液态的石油）会反射出不同的反射波。这些反射回来的地震波有早有晚，回来早的地震波是浅地层的反射，回来晚的地震波表示穿透了更加深的地层。大量的测量数据经过计算机处理，地层的分布和结构便一目了然。由此，专家就可以确定油气盆地的范围，从而发现油气田。

> 图27　物探船工作示意图

物探船的电缆和声波接收器还可以放到不同深度的海中扫描，接收的回波信号形成立体图像，能够更为精确地探测油气储藏构造位置与大小。

深入海底油气藏宝库"探宝"

钻井勘探

当物探船发现了某海区的油气储藏线索后，还需要进一步勘探，明确这个构造里有没有油气宝藏。俗话说"不入虎穴，焉得虎子"，这时需要亲眼看一看海底油气藏，最好的办法是在目标地区钻孔采样，也就是通常所说的钻井。取得海底油气储藏地层的实物样本材料（泥芯）后，需要详细分析，研究有没有油气、储

量为多少、已有的技术条件能否开采、应该采用怎样的装备和技术进行开采等问题。最后还需要权衡是否有开采价值，这个问题要考虑的不仅是经济因素，有时候还包含国家战略安全方面的因素。

海上钻井及其特点

石油是液体，天然气是气体，都属于能够流动的流体，要把它们开采出来，无论在陆地上还是海上，都需要钻出洞接上管子，这个洞和管子就称为油井（气井）。打洞与接管子的工作称为钻井。钻井是海洋油气开发的核心任务。

通常印象里的"井"多半是直的，油井（气井）一般也是这样。井身从井口垂直向下，这是陆上钻井的常规情形。但海上油气藏的分布范围有时很大，一个平台的直井开采范围很有限，平台的搬迁费时费力，为提高平台的利用效率，往往会以一个平台为中心，开发周围几千米半径范围的油气藏，这样就需要定向钻井技术，根据需要钻出斜井、水平井。所以说，海上钻井直井少、斜井多，还常常会采用成组的丛井。

移动式平台的定船神器——定位系统

海上钻井采用浮动式平台时，平台在海浪中不断受到风、浪、流等外界作用力的干扰，产生摇摆、漂移。为适应钻井等作业的要求，就需要用到定位系统，像"定船神器"一样，让平台的漂移减小。定位系统有锚泊定位系统和动力定位系统两种。

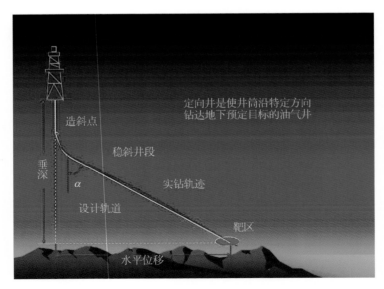

> 图28　海上定向井（水平井、斜井）示意图

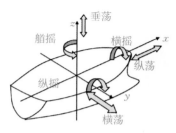

> 图29　船体六自由度运动示意图

> 图30　多点锚泊

对称的6根锚索

对称的4根锚索

对称的9根锚索
（锚索夹角为40度）

对称的8根锚索
（锚索夹角为45度）

对称的10根锚索
（锚索夹角为36度）

锚索夹角为
45～90度，
8根／10根锚索

锚索夹角为
25～70度，
8根锚索

锚索夹角为
30～60度，
8根锚索

对称的12根锚索

> 图31　各种辐射状
锚泊布置示意图

锚泊定位系统

　　锚泊定位系统是由多根钢链或钢缆组成的悬链式系泊系统，称为多点锚泊系统，也就是用多个系锚点供海洋平台进行海上锚泊。现在海洋平台锚泊系统的工作水深最深可达千米以上，其优点是被系泊船或浮体的位移以及在波浪、海流作用下运动幅度较小，同时费用少。缺点是多点锚泊设施安装和拆除需要用较多时间，一般用于风向变化不大、波浪较小的海区。

动力定位系统

　　当工作水深超过锚泊定位极限，或工作环境风、浪、流情况超过锚泊定位能力，海洋平台需要另一种定位方式来定位，这就是动力定位。动力定位是一种闭

小　贴　士

定　位　系　统

　　浮式海洋平台等浮体在水面上是会动的。船舶性能研究把船舶等浮体在水中的运动分解为6种姿态，叫做六自由度运动：横摇、纵摇、垂荡、横荡、纵荡和艏摇。坐在船上，很容易感觉到船摇摆和颠簸。船还会漂移，有时会漂得很远，一去不回。事实上是又摇又漂又颠又扭，有6种方式自由地乱动。

　　这种状态当然不能满足钻井或采油生产的要求。船舶和石油行业的开发者用约束浮体运动自由度的方法，把平台或船舶的位置控制住，这就是"定位"，海洋油气开发装备必须具备的性能。

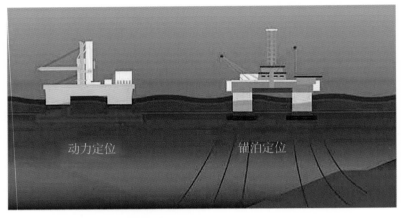

> 图32 动力定位与锚泊定位示意图

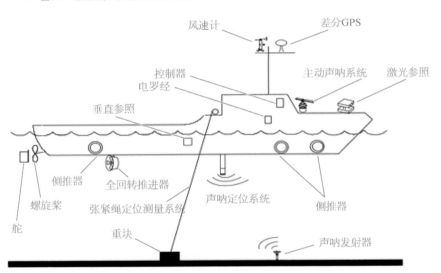

> 图33 动力定位系统组成

环的控制系统，不借助锚泊系统的作用，能不断检测出船舶的实际位置与目标位置的偏差，再根据风、浪、流等外界扰动力的影响计算出使船舶或海洋平台恢复到目标位置所需推力的大小，并对船舶或海洋平台上各推力器进行推力分配，使各推力器产生相应的复位推力，从而使船尽可能保持在海平面要求的位置上。

动力定位系统完全靠自身产生的推力定位，不需要依靠外部设备；环境适应性强，能够在任何水深条件下工作；但它最大的劣势是燃料消耗大、使用成本高。

表1 锚泊定位系统和动力定位系统比较

项目	锚泊定位系统	动力定位系统
优点	结构简单，可靠性强； 使用、维护成本低； 浅海应用较普遍，技术完善； 对潜水员和水下机器人不存在威胁	定位不受水深限制； 完全靠自身产生的推力定位，不需要依靠外部设备； 机动性高，定位方便、快捷； 对海底设施影响小，不会破坏海床
缺点	受水深限制； 无法快捷转换位置，抛锚、收锚时间长； 定位性能和稳定性能差； 有破坏海底设备和海床的危险	系统初置成本高； 使用、维护成本高； 定位功能在个别极端环境下会失效； 对潜水员和水下机器人存在威胁

 **钻井系统**

钻井系统是海洋钻井平台关键的系统之一，包括起升系统设备、旋转系统设备、循环系统设备，以及深水钻井防喷器组等。

起升系统设备包括双联井架和钻井绞车等。需要特别介绍的是两种系统——顶部驱动系统和升沉补偿系统。

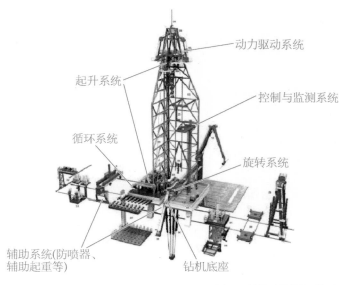

动力驱动系统

起升系统

控制与监测系统

循环系统

旋转系统

辅助系统(防喷器、辅助起重等)

钻机底座

> 图34 钻井系统的主要组成

顶部驱动系统

顶部驱动系统简称"顶驱"，是安装在井架内部，悬挂在游车下（有的直接位于大钩之下），为钻柱提供转动力矩以实现钻进的钻井系统。该技术由美国公司于20世纪80年代发明，是旋转钻井设备百年来的一次革命性的技术进步，被称为近代钻井装备的三大技术成果之一（另外两个是交直流变频电驱系统和井下钻头增压系统），目前该技术已在海上钻井中普遍应用。

> 图35 顶部驱动系统

常规的转盘钻井是由转盘驱动方钻杆带动钻柱使钻头旋转，而顶驱可以直接从井架空间上部驱动钻柱旋转，并沿井架内专用导轨向下送进，从而完成和参与完成旋转钻进、倒划眼、循环钻井液、接单根或接立根、起下钻和下套管的中途上卸扣等。顶驱替代转盘和方钻杆后，能减少接单根次数，提高钻井效率，安全性更好（可节省钻井时间20%～30%，并可预防卡钻事故），操作也更省力，特别适合于各种高难度的钻井作业。

升沉补偿系统

钻井平台或钻井船在海上钻井时，船体会随着水波起起伏伏，这种升沉运动也会带动井下钻具上上下下，造成钻头对井底的压力不能控制，从而影响钻进效率；并且钻具像打桩机一样周期性地撞击井底，会使钻杆不断弯曲，导致疲劳断裂。升沉补偿系统的出现就是为了解决这个问题。

升沉补偿系统包括两大类，分别是钻柱补偿系统和隔水管补偿系统。前者位于大钩和天车上，用于保持钻柱悬挂在起升装置部分的恒张力，主要结构包括主油缸、蓄能器、气体平衡罐，以及相应的阀和管路等。后者主要由张紧器组成，位于钻井甲板之下。升沉补偿系统不但可以调节钻压，而且可以自动送钻，还可使钻头、套管、防喷器等"软着陆"。

钻井绞车是半潜式钻井平台钻机设备中的关键设备，其主要功能是起下钻具、套管、隔水管、水下器具及悬持全部钻具和钻头等。钻井绞车的起升能力是钻井平台的重要标志性参数，也是其他相关钻井设备配置的参照依据。

备、一开作业、二开作业、三开作业、四开作业、完井作业、弃井作业等。

一开作业首先用较大的钻头钻一段井眼，然后将隔水管放入井中，并用水泥固定套管的外侧，防止井眼塌陷。

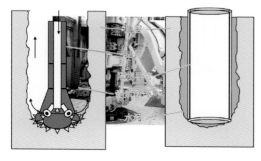

> 图37 一开作业

二开作业用一个小一些的钻头，从上一个套管的底部钻出一个新井眼，然后在这个新的井眼中下套管，并用水泥固定。

> 图36 升沉补偿系统

"多筒望远镜"似的油井构造及钻井作业

为了开发油气矿藏，有时需要钻探数千米厚的岩层。这需要粗大如树干、由金属或陶瓷制成的钻头，钻头装在钻杆上，钻杆是一根一根接起来的。钻井的孔是阶梯形的圆柱体，上大下小。它们是由不同大小的钻头钻出来的。钻一段需要将钻杆提上来一根一根拆掉，再换上较小的钻头，将钻杆一根一根接起，继续钻探。如此重复这一过程。

一般的钻井作业程序包括：钻前准

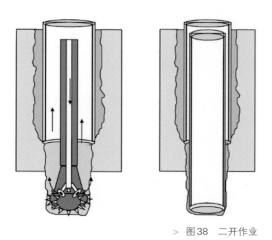

> 图38 二开作业

三开作业用一个更小的钻头钻一个更小的井眼，再下相应的套管，防止塌陷。

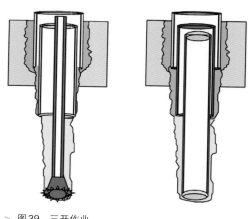

> 图39　三开作业

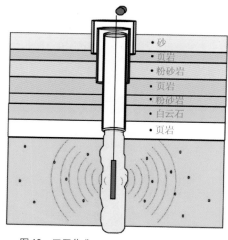

砂
页岩
粉砂岩
页岩
粉砂岩
白云石
页岩

> 图40　四开作业

四开作业再下一个比三开作业更小的钻头，钻至目标层。

如果测井结果很好，就在生产层段下最后一次套管，用水泥固定。然后在井眼内用射孔枪进行射孔，击穿生产层段部分的井壁套管，在井眼里放入生产油管，用封隔器把生产层段和上部的套管空间分隔开，从而完成完井作业。

 钻井平台类型

勘探钻井主要的约束条件是钻井海区的水深和风浪情况。勘探钻井平台大多为移动式平台。以下是不同水深常采用的勘探钻井平台类型：

（1）极浅，＜15米：坐底式，钢结构坐底式平台。

（2）较浅，＜150米：自升式平台。

（3）150～300米：锚泊定位半潜式平台，锚泊定位钻井船。

（4）＞300米：动力定位半潜式平台，动力定位钻井船。

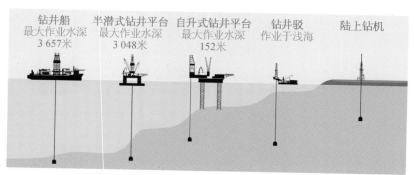

钻井船
最大作业水深
3 657米

半潜式钻井平台
最大作业水深
3 048米

自升式钻井平台
最大作业水深
152米

钻井驳
作业于浅海

陆上钻机

> 图41　各种钻井平台

坐在海底的平台

坐底式钻井平台

人类开采石油是从陆地开始，后来延伸到海上，先是海滩、浅海，慢慢走向更深的海洋。在海滩上可以堆土、夯土搭建类似堤坝的坚硬基础，进行钻探、采油；水再深一些，则可搭建有桩支承的栈桥式基础。但当水深再深、离岸再远些时，这些延伸式的工程则行不通了，这也是坐底式平台等移动式平台的发展背景。

坐底式钻井平台就是以海底作为支承的平台。坐底就是将平台与海底直接接触，压在海床上固定住。坐底式平台在轻载时是浮体，经海上拖航到达作业地点后，往沉垫内注水，使其坐底。

1948年，世界上第一座坐底式钻井平台"Breton Rig 20"号诞生，该平台的设计采用标准的驳船坐底，为了使平台具有足够的干舷，采用立柱将平台支撑在驳船甲板上，驳船两侧的浮箱用于提供稳性和控制排水。该平台诞生后的第二年，就在墨西哥湾钻了6口开发井，井位间的距离为16～24千米。

> 图42　"Breton Rig 20"号坐底式钻井平台

小贴士

井深

井深包含水深。因为钻井深度会受钻杆长度限制，而钻杆长度又受平台载荷限制。

> 图43 "Mr. Charlie"号坐底式钻井平台

Charlie"号。该平台为壳牌公司在密西西比河口钻了一口井,此后在墨西哥湾连续服役了30年,现作为海洋工程博物馆和培训中心锚泊在美国路易斯安那州的摩根市。

与此同时,多家公司努力改进坐底式钻井平台的设计,使它的适用水深达到了60米。到1963年,一共建造了30座坐底式平台,其中一些采用了凸出的壳体,一些在角上设置了大直径圆柱液舱,其中"Rig 54"号是最大的,也是最后一座坐底式钻井平台。这些平台一直服役到20世纪90年代。

坐底式钻井平台有上、下两个船体:上船体又叫工作甲板,安置生活舱室和设备,通过艉部开口借助悬臂结构钻井;下船体是沉垫,作为压载和支承的基础。两船体间由支承结构相连。从稳性和结构方面看,作业水深有限,也受到海底基础是否平坦和坚实的制约,使用受限较多。

"Breton Rig 20"号坐底式钻井平台致命的弱点是它的稳性较差,恶劣的海况下会导致其发生倾覆。因此,ODECO公司提出了改进稳性的设计,即在驳船的两端配备了浮箱,建造了坐底式钻井平台"Mr.

能升降的固定式钻井装备

自升式钻井平台

坐底式钻井平台在搬迁时需要升起巨大的沉垫，在实际操作中难度较大。为解决这一问题，人们提出了自升式钻井平台的思路，并因其造价低、效率高、机动性好，成为最为常用的移动式海洋平台，约占移动式钻井平台总数的1/2。

通过长长的桩腿下放至海底作为固定装置，自升式钻井平台已广泛服役于150米水深的近海石油勘探中。受水深的影响，其成本随作业水深增加而显著增加，同时桩腿结构设计也受到限制。从钻探深度与成本控制上权衡，大多数自升式钻井平台集中在70～90米的水深范围内作业。

 自升式钻井平台的构造特点

自升式钻井平台海上作业包括拖航就位、升船压载、钻井完井和降船拔桩四个过程。

在自升式钻井平台的角落会配数量不等的桩腿，平台的主体可沿桩腿上升和降落。桩腿既是平台屹立在海上的支柱，又是平台爬升的梯子。平台作业前，往往依靠自身的推进器航行，或用拖船拖至目标海域，定好位置后放下桩腿，并将其插入海底。随后需要做一件非常重要的操作，即预压。所谓预压，就是预先对桩腿施加

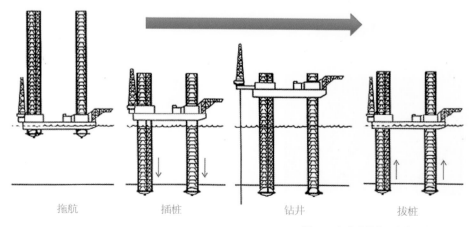

拖航　　　　插桩　　　　钻井　　　　拔桩

> 图44　自升式钻井平台海上作业流程

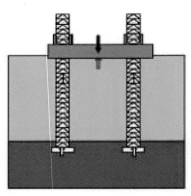

桩腿着底，船体升起

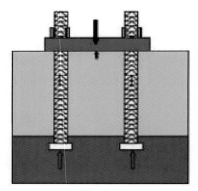

桩腿预压

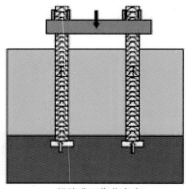

船体升至作业高度

> 图45　自升式钻井平台升船压载过程

一定的载荷，使每条桩腿底部踩得实在，不至于作业时桩腿下陷发生倾斜，甚至倾覆，造成船毁人亡的严重后果。

自升式钻井平台矗立在海上，不可避免地会遭受大风浪的袭击。风作用在平台水面以上的部分，浪作用在平台海面附近，流力则作用于海面以下的桩腿上，这将产生倾覆力矩。几乎所有的外力或力矩均由海底的支撑力来承担，也由此说明预压使桩腿底部牢靠的重要性。

预压后将平台主体沿桩腿爬离海面至安全高度，确保波浪不会拍打到平台。升船压载的过程如图45所示，并通过锁紧装置锁定桩腿。当自升式钻井平台压载升船作业完成后，即可进行钻井完井作业。待作业结束后，先将平台主体降至海面，并排出平台所装的压载水，平台就可以凭借自身的浮力和其他辅助措施进行拔桩。当所有桩腿拔出之后，由拖船拖行或自身推进器航行至新的井位。

 自升式钻井平台的组成

自升式钻井平台的主体形式主要可分为三角形、四边形和五边形。通常在每个角上配一根桩腿支撑平台，少数情况下也会设置6～8根桩腿来提高平台的稳定性。平台主体结构应设计得足够强，用于承载钻井采油所需的设备。平台主体部分应设计成水密，确保海水隔离在外面。当其浮于海面上时，主体部分提供浮力来平

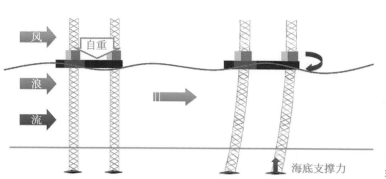

> 图46　自升式钻井平台抵抗环境力的原理

> 图47　自升式钻井平台（桁架式桩腿）

> 图48　自升式钻井平台（圆柱式桩腿）

衡平台的重量，支撑钻井采油作业所需的设备。

自升式钻井平台的升降系统由桩腿和升降机构组成。桩腿有两种样式：空心圆柱式或空心方柱式，以及用钢构件搭建的桁架式。升降机构也有两种形式：油缸顶推和齿轮齿条驱动。油缸顶推的升降是一段一段进行，升降所需时间长，适用于50米以内的浅海环境；齿轮齿条驱动是连续进行的，可用于水深160米的环境，这也是目前自升式平台的工作极限水深。

运输方便，作业时无运动，是自升式钻井平台的主要特点。平台由于桩腿插入海底处于固定状态，风、浪、流的

> 图49　自升式钻井平台主体

直升机平台

生活楼

船体

吊机

钻井装置

桩腿

> 图50 自升式钻井平台的组成

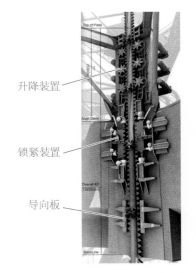

升降装置

锁紧装置

导向板

> 图51 平台齿轮齿条驱动升降和锁紧装置

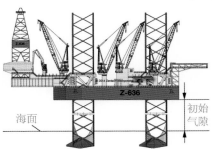

海面

初始气隙

> 图52 带桩靴的自升式钻井平台

环境对船的影响比较小。平台升起作业时，由于考虑了安全气隙，海浪不会拍击到平台。但在拖航时，桩腿升起较大的高度，易受海风的影响，风浪较大时无法完成拖航任务。现在长途迁移已有半潜运输船这样的移山神器，可对自升式钻井平台进行"干拖"。

小贴士

安全气隙

自升式钻井平台、半潜式钻井平台、导管架平台等有平台伸出水面时，需要关注气隙。气隙规定为海洋平台下层甲板底部至波面间的垂直距离；平台初始气隙则定义为下层甲板至静水面的垂直距离。作业海域最大波高、最大潮差以及2米安全余量的总数，称为安全气隙。平台具有安全气隙，意味着在该海域作业时波浪不可能打到平台上。

 自升式钻井平台的发展

早在1869年，自升式钻井平台的形式就被美国人Samuel Lewis申请了专利保护。1954年，世界上首座自升式钻井平台"德隆1"号建造成功，由此拉开了该平台广泛应用于海上石油开采的序幕。"德隆1"号自升式钻井平台是一座10桩腿的平台结构，该平台的长度、型宽和型深分别为70.1米、21.3米和2.6米。由于该平台底部没有安装桩靴，以至桩腿由于受力面积太小、入泥过深而导致拔桩困难，同时桩腿的数量过多也大大耗费了平台拔、插桩的时间，影响了平台的移位和作业效率。

1956年，首座依靠三根桩腿支撑作业的自升式钻井平台"天蝎"号投入运营。该平台长56.7米，型宽45.7米，桩腿总长42.7米，重达4 000余吨，是现代自升式钻井平台的雏形。与"德隆1"号不同，该平台的桩腿全部由桁架拼接而成，而非"德隆1"号的圆形板壳结构。

1963年，第一座斜桩腿式平台"Dixilyn250"号建造完毕。

> 图53 "德隆1"号钻井平台

> 图54　"天蝎"号钻井平台

紧接着1966年，"猎户星座"号自升式平台建成，是首座可在北海等恶劣海况下常年作业的自升式钻井平台。1969年，首座且有航行功能的自升式平台"水星"号成功下水。

随着石油钻探技术的不断革新，自升式钻井平台在一些关键技术，包含钻井能力、抗风浪能力、可变载荷和操控性能等方面进步神勇，平台开始由浅水海域逐渐朝中等水深及深水海域过渡。"波勃·帕尔麦"号是首座桩腿高度达273米、适用于深水海域的自升式钻井平台。该平台建于2003年，其桩腿高度是金茂大厦总高度的2/3。

目前，全球共有约560座自升式钻井平台，遍及世界各大海域。作业水深集中在250米以内，多数平台的使用年限已达20～30年，临界于设计的极限。

平台的运输方式

平台的运输方式有两种，分别是干拖和湿拖。

干拖就是用半潜运输船像装货一样运输钻井平台，湿拖是漂浮状态的平台直接用拖轮移运。

半潜运输船是一种具有大甲板作业面积的运输驳船，在下潜到一定深度后，将钻井平台滑移上船运载至作业地点，这个运载的过程就是干拖。

移动的岛屿

半潜式钻井平台

随着海洋石油开发的水深不断增加，作业水深常常会超过自升式钻井平台的作业极限水深，这时就需要用到漂浮在水面上的平台进行钻探。漂浮在海上的浮式钻井船在钻井作业时稳定性差，为了解决这个难题，工程师想到在海洋平台上安装下浮体，增大浮力，把平台托出海面，大大减小海浪对平台的冲击，从而提高平台的稳定性，这就是半潜式钻井平台。

半潜式钻井平台的主体主要由上部箱形结构、中部立柱和下部沉箱组成。作业时下部沉箱完全浸沉于水中，立柱的一部分浸入水中，另一部分露于水面之上，使得水面线处的面积较小，波浪的作用力可大大低于同吨位的船型平台（如FPSO）。因此，平台的运动响应良好，同时平台还具备稳定性好、移动快、自持力强的优点。平台适应的水深范围较广泛，作业水深可从几十米的浅水到几千米不等的深

井架

上部箱形结构

锚机

立柱

锚

动力定位推进器

横撑

下部沉箱

> 图55　半潜式钻井平台的结构组成

水。另外，平台顶部的甲板面积大，有利于钻井设备的布置；平台的可变载荷大，可允许其携带较多的供应品及钻杆、隔水管、套管、固井系统等钻探和配套设备；钻机能力强，可钻开较硬的岩层，具备钻井、修井等多种作业功能。随着海洋开发由浅水走向深水海域，该类平台在深水石油勘探中将发挥越来越重要的作用。

> 图56 深水半潜式钻井平台

> 图57 工程船正在为半潜式钻井平台提供服务

小 贴 士

水线面和小水线面

水线面：指水平面和船体的截交面。例如，将一个葡萄酒杯（郁金香形状）慢慢浸入水里，当杯底接触水面，水线面是一约4厘米直径的圆；当继续下沉，杯柱与水面相交，水线面就是1厘米直径的一小圆面；再往下沉，杯体进入水面，水线面就是一个直径超过4厘米并越来越大的圆面。

> 图58 船体水线面示意图

小水面线：半潜式钻井平台主要由浸没于水中的左右边沉箱、中部立柱及顶部的上部箱形甲板组成，仅立柱与水线面相交，立柱的截面较小，减小了水线面面积，而沉箱与箱形甲板均远离水面，降低了波浪对平台的作用，提高了耐波性能。

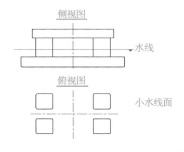

> 图59 半潜式平台小水线面示意图

 ### 半潜式钻井平台的构造

半潜式钻井平台又称柱稳式钻井平台，其特点为大部分的沉箱浸入水中，仅横截面很小的立柱与水面交界，形成小水线面、耐波性较好的移动式钻井平台形式。

半潜式平台主体由三大部分组成：上部箱形结构、下部沉箱、中部立柱及其撑杆。上部平台布置全部钻井机械、平台操

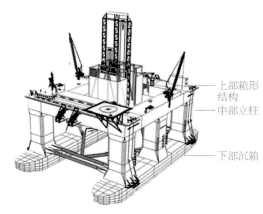

> 图61　半潜式钻井平台结构简图

作设备、物资储备和生活设施。下部沉箱有2个，立柱一般有4～8根，下部沉箱的上表面与立柱的底部相连。平台作业时，仅立柱处于水线上，使平台的水线面较小，可大幅减小平台受波浪载荷的不利影响。上部箱形结构与立柱顶部相接，与下部沉箱一起组合成刚度大、稳定性强的钢架结构。该结构也可有效地将上部结构的载荷传递到平台的主要结构上。

> 图60　半潜式钻井平台

> 图62　我国20世纪70—80年代自主研制的六立柱型半潜式钻井平台"勘探3"号

 半潜式钻井平台的特点

半潜式钻井平台上设有钻井机械设备、器材和生活舱室等，供钻井作业用。此类平台的上部箱形结构往往抬离水面一定高度，以避免设备及居住处所等受到波浪的冲击而发生破坏或威胁到人员安全；水下沉箱完全浸没于水中，以提供足够的浮力；立柱的水线面较小，能够大幅降低平台所受的环境载荷，减小运动幅度；各立柱之间尽可能保持一定距离，以获得足够的稳性。此外，立柱之间还可能采用撑杆连接在一起，以提高整体的强度和抗风浪能力。

> 图63　早期的多柱型半潜式钻井平台

> 图64 半潜式平台作业
> 时，水面处于立柱两种颜色交
> 界处

半潜式钻井平台有两种浮式状态：第一种在拖航时，平台基本都浮在水面上，水仅仅浸到浮箱顶部附件；第二种在作业时，水面会达到立柱两种颜色交界处。

与固定式钻井平台不同，半潜式钻井平台漂浮在水面上作业，受到风、浪、流环境条件的作用而时刻产生摆动，包括纵荡、横荡和艏摇方向的低频运动，以及垂荡、横摇和纵摇方向的波频运动，将对钻井设备的安全作业产生不利影响，甚至会导致设备的破坏，因此需采用减摇装置、锚泊或动力定位系统、升沉补偿器等多种措施来确保平台各方向的运动维持在设备允许的范围内。

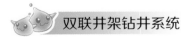

双联井架钻井系统

单井架作业系统诞生于早期的半潜式钻井平台中，该系统仅包含一台钻井设备，但很快钻井工程师就发现钻井作业前后的工序占用相当多的时间，包括组装、拆卸钻杆及下放、回收水下设备等。考虑到作业效率问题，同一艘平台甲板上布置两套井架系统的新理念被提出。与钻井效率的提高带来的显著经济效益相比，增加一套钻井系统引起的初始投资成本上升是非常划算的。双联井架作业是半潜式钻井平台作业理念发展的里程碑。

这种钻井平台安装了两套钻井系统，包括大车、转盘、泥浆系统等，钻塔（井架）也要能支撑两套钻井系统的作业。钻塔有两种结构：一种是传统的桁架式结构，尺度宽一些，安装两套起吊机构；另一种是新开发的双联井架结构。

> 图65　双联井架

 半潜式平台的发展

半潜式钻井平台是由坐底式平台演化而来。1962年，诞生了世界上第一座半潜式钻井平台，该平台由坐底式钻井平台"蓝水1"号加装立柱后改造而成。20世纪70年代之前设计的半潜式钻井平台均没有

推进器，无自航能力。考虑到平台移位的便利性和满足定位要求，后续平台设计均加装了推进系统。

历经半个多世纪的发展，目前全球共有半潜式钻井平台146座。在石油行业内有所谓"代"的提法，以作业水深等特征指标划分，半潜式钻井平台已经由第一代发展到目前引领潮流的第六代，关键技术已经过了多次改造和革新。

国内工业和信息化部正组织中国船舶工业集团公司第七〇八研究所（简称"七〇八所"）、中国海洋石油集团有限公司、上海交通大学等单位攻克研发配置更先进、钻井能力更强的第七代半潜式钻井平台。相信不久的将来，我国自主研发、技术国际领先的新一代半潜式钻井平台将屹立于我国深水海域，为我国海洋能源战

表2　各代半潜式钻井平台的技术状态

代系	作业水深（米）	甲板可变载荷（吨）	定位系统	建造年代
一	＜180	2 000	多点锚泊	20世纪60年代
二	300～1 200	2 000	多点锚泊	20世纪70年代中后期
三	450～1 500	3 000	多点锚泊	20世纪80年代中期
四	1 350～2 400	4 500	多点锚泊+DP1/2	20世纪90年代
五	1 500～3 050	6 000	多点锚泊+DP2/3	20世纪90年代末
六	2 400～3 600	8 000～10 000	多点锚泊+DP2/3	21世纪初
七	3 600	10 000	多点锚泊+DP3（闭环）	概念设计阶段

注：甲板可变载荷是半潜式钻井平台的上平台和立柱所装载物资的重量；DP即动力定位系统，后缀1、2、3是指动力定位系统级别。闭环是将发电机组连接到同一个环路上，可灵活选择发电机组的运行数量，以达到节能减排、降低能耗的作用。

> 图66　"蓝水1"号半潜式平台

> 图68　"南海2"号半潜式平台

> 图67　作业中的"Sedco135"半潜式平台

> 图69　码头停靠的"Sedco702"半潜式平台

略铺路。

第一代半潜式钻井平台

建造于20世纪60年代，结构形式不是很合理，设备自动化程度低。"蓝水1"号、"Sedco135"就是第一代半潜式平台。

第二代半潜式钻井平台

建造于20世纪70年代中后期，结构形式仍不是很合理，设备自动化程度不高，如"南海2"号、"Sedco702/703"、"Stena Spey"。

第三代半潜式钻井平台

建造于20世纪80年代中期，结构较为合理，设备操作自动化程度不高，为

> 图70　湿拖中的"Stena Spey"半潜式平台

> 图71 工作中的"Stena Spey"半潜式平台

> 图72 "南海5"号半潜式平台

> 图73 "Atwood Hunter"半潜式平台的甲板设备

80—90年代主力平台，建造数量最多，如"南海5"号、"南海6"号、"Atwood Hunter"。

第四代半潜式钻井平台

建造于20世纪90年代末，推进器辅助锚泊定位，配有部分自动化程度较高的钻台甲板机械，设备能力与甲板可变载荷都有提高，如"Jack Bates"、"Scarabeo"、"西方阿尔法"。

> 图74 作业船驶向"Jack Bates"半潜式平台

> 图75　"Scarabeo"半潜式平台

> 图77　"West Venture"半潜式平台

> 图78　"Aker-H3.2"半潜式平台

第五代半潜式钻井平台

建造于20世纪90年代末，动力定位为主，锚泊定位辅助作用，配有全自动化的钻井系统，如"Deepwater Horizon"、"West Venture"、"Aker-H3.2"。

> 图76　"Deepwater Horizon"半潜式平台

第六代半潜式钻井平台

建造于21世纪初，船体结构更为优化，重量轻，配置双联井架系统，DP3动力定位，全自动化控制的钻井系统操作和甲板操作，平台可变载荷更大，如"West E-drill"、"Deepsea Atlantic"、"Aker-H6e"、"海洋石油981"等。

第七代半潜式钻井平台

2015年，第七代半潜式平台"Frigstad D90"在山东烟台中集来福士建造基地

> 图79 拖航中的"West E-drill"半潜式平台

> 图80 停靠码头的"Aker-H6e"半潜式平台

成功合龙。该平台长122.5米，宽92.7米，最大排水量7万吨，平台甲板可变载荷1万吨，最大钻井深度15 240米。这一海上钻井平台最大作业水深首次突破3 600米。

深水半潜式钻井平台目前以第五代、第六代为主，主要特点有：

> 图81 "Frigstad D90" 半潜式钻井平台

（1）引入优良的设计理念，使平台的可变载荷与总排水量的比例超过20%，空船重量与总排水量的比例小于25%。

（2）可变载荷大、平台主尺度大、钻井作业配套物资（如水泥粉、重晶石粉、钻井泥浆、燃油、淡水等）的储存能力强。

（3）外部结构加强的节点少，无斜撑连接各立柱的简单主体形式。

（4）平台抗风暴能力强，安全性高。同时，较大的燃油、水储藏能力使自持能力更长，满足全球远海、超深水、全天候、长时间的迁移和作业模式。

（5）可实现3 000米的超深水作业。预计未来20年，将出现具有5 000米水深钻探能力的半潜式钻井平台。

（6）装备大功率的新一代先进钻井设备、动力定位设备和变频发电设备。

传统的船型钻井装备

钻井船

2016年3月，距离乌拉圭海岸近250千米处，随着一口油井的成功钻探，一个新的世界最深海底钻井纪录诞生了——3 400米！这个深度，4座世界第一高楼——828米的哈里发塔叠起来沉入此海域还不能冒出水面，我国第一高楼——632米的上海中心更要5座半叠起来才能穿出水面！更别论还有寒冷、黑暗，以及巨大得能把任何没有穿着特殊装备的人压成薄饼的压力了。而干成这件事的则是马士基钻井公司旗下的钻井船"Maersk Venturer"号。这是一艘船形的海洋钻井装备，与其他海洋钻井平台有很大的不同，在海洋油气开发装备大家族中也

> 图82　"Maersk Venturer"号

是鹤立鸡群。

要在深水、超深水的海底钻井，这可不是什么海洋开发装备都能完成的，必须得是钻井船或半潜式平台这样有动力定位能力的浮式装置才行。虽说现在很多浮式钻井装置的设计最大工作水深能达到3 000米以上，但真正在此深度上成功钻井的却并不多。而在如此之深的海底钻井，先不论这口井出不出油，单就所获得的地质数据而言，就是无价之宝了。

我国早就意识到了深海油气钻探开发的重要性，并在2015年时建成了世界上最大的钻井船——"大连开拓者"号（船长290米，总吨位12.6万吨），至今未被超越。

 ## 钻井船概述

钻井船是设有钻井设备，能在多点锚泊定位或动力定位状态下进行海上石油钻井作业的专用船舶。它是船型钻井平台，通常是在机动船或驳船上布置钻井设备。钻井船漂浮在水面上，水线面积大，波浪和水流对船的作用明显。另外，钻井船上层建筑大、设备多，平台易受台风的影响，因此钻井船的作业窗口期比较短。但是它可以用现有的船只进行改装，因而能以最快的速度投入使用。

早期的钻井船多数由驳船、油船和货

船等旧船改装而成，只适用于浅水、海况温和的海域。现代钻井船带有先进的钻井和生活设施，并且适应水深大，机动性好，自持力强，甲板可变载荷大，带有动力定位系统，同时具有自航能力。新型的钻井船正朝着大型化、自动化、作业多样化的方向发展。缺点是受风浪影响大，稳定性差。

钻井船主要模块可分为钻井、动力和生活模块。其中，钻井模块集中在钻井船的舯部位置附近，船舶在此地方的运动比较小，稳定性好，水下设备和钻杆从船舯所开的月池处放入水中。动力模块一般放于船艉，为全船发电，内部的柴油机与推进器相连，推动船前进。生活模块一般布置在船的艏部，可提供上百号人同时居住，同时也避开了艉部动力模块振动引起的人员不舒适感。新型钻井船的设计紧凑，双联井架交替使用，甲板可变载荷可达万吨，工作水深超4 000米。

> 图84 钻井船

钻井船按其推进能力，分为自航式和非自航式，无自航能力的称为钻井驳，有自航能力的称为钻井船，可灵活移位；按

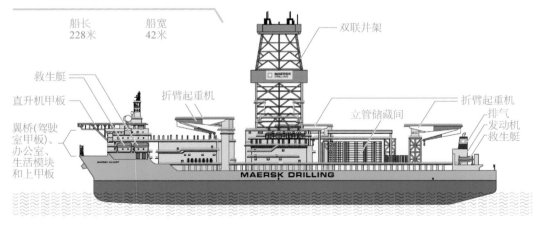

> 图83 钻井船结构示意图

船型分，有端部钻井、舷侧钻井、船舯钻井和双体船钻井；按定位分，有多点锚泊式、单点锚泊式和动力定位式。

钻井船船体有一个通往海面的"开口"——月池。月池一般在船体中心部位，从甲板一直到船底，能将钻头、钻杆伸入水中。当然，船体的水密性肯定是有保证的，不用担心这开口会漏水。月池、钻井甲板、井架是钻井船与其他用途船舶的重要区别。

钻井船体型较宽，这一方面是为了弥补因开"月池"而下降的船体强度，另一方面也是为了能拥有足够大的空间用于布置整套钻井系统设备。同时，较大的船身也能让其拥有更大的装载空间，这样一来就能携带更多的钻井所用设备和材料，如钻杆、隔水管、套管、油管、泥浆等，从而减少了对于供应船的依赖，降低了运营费用，并提高工作效率，尤其是对于离岸较远的工作海域来说，更能体现价值。此外，体型较宽意味着水线面积大，船的稳性好，同时船上重量的变化对钻井船的吃水影响较小。

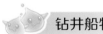 **钻井船特点**

之前介绍了浅水和深水海洋环境中都有对应的钻井平台可以应用，那么为什么还需要钻井船呢？钻井船的最大技术特征就是结合了船和钻井平台两者的特性。它以船的形式出现，既是一个浮体，又拥有较好的自航能力，而且拥有更大的甲板空间及甲板载荷能力。它可以较灵活地在油井的两个工作区域之间航行，现今最高航速的钻井船可以达

到15节（1节=1海里/小时=1.852千米/小时）。它比平台的经济性更好。

然而钻井船作为船，它的定位能力与半潜式平台相比较弱，通常来说，它适用于较平静的水域，而半潜式平台则适用于海况恶劣的水域。

 钻井船发展历程

1955年，世界第一艘钻井船——"CUSS Ⅰ"诞生。该船由一艘大型甲板驳船改装而成。船上拥有3块甲板，工作面积达2 800多平方米。船底安装钻机，采用桅杆式井架，设计有一套独特的立管和井口。1957年，该船完成了一次122米工作水深的钻探。至1958年，"CUSS Ⅰ"号已经累计钻探3万多米。

> 图85　"CUSS Ⅰ"号

1961年，Global Marine公司开启了钻井船的新纪元，订购了数艘拥有自航能力、工作水深183米、钻深6 096米的钻井船。首艘船名为"CUSS Ⅱ"，载重量约5 500吨，尺度是"CUSS Ⅰ"的2倍左右，造价近450万美元，1962年交付。该船也是世界上首艘新建的钻井船。动力定位装置也随之出现于这个时代。

钻井船的建造集中期分三个阶段，分别是：20世纪70年代中期至80年代初；1997—2001年；2009年至今。

与半潜式平台相仿，最新设计建造的钻井船已达到第六、第七代。最显著的特点是深水作业能力，超过2 500米，达到3 000米以上。这在技术上要有一系列的创新，如动力定位系统。为适应深水作业，钻井设备也得到了优化，其中最具特色的是双钻井系统的应用。

表3　钻井船工作水深的演变

船　名	钻井年份	工作水深（米）
CUSS Ⅰ	1961	106
Discoverer 534	1975	2 133
Enterprise	1999	3 048
Inspiration	2009	3 657

2000年，日本建成当时世界上最大型的深海钻井船，并投入使用。该船长165米，总吨位1.5万吨，定员130人，船内备有供各种实验用的研究设备、分析仪器、计算机等，该船的海底钻井深度可达3 500米，建造费用达50亿日元。建成后，该船成为一艘浮动的海上综合研究中心，并可到各个海域采集地壳样品。

由西班牙奥斯坦诺（Astano）船厂于2000年建成的"发现者精神"号钻井船及其姊妹船"发现者企业"号和"发现者深海"号均是双联井架、双套钻机的巨型钻井船，钻深能力均达万米；其工作水深分别约为2 600米和2 400米，但均可改装加深至3 000余米。

芬兰为苏联建造的世界上第一艘防水石油钻井船安装了一种特殊设备，一旦发现冰山袭来，可迅速撤离井场，并能以13节的速度航行。

"格洛玛·挑战者"号钻探船能在7 000米深的海上，依靠动力定位设备，使钻探船始终保持在所确定的井位上方一

> 图86　"发现者精神"号钻井船

> 图87 "海军勘探者1"号钻井船

定范围内；利用声呐自导的再进钻孔装置，使钻探船可以在一个钻探地点10多次更换磨损的钻头，继续进行钻探，大大增加了钻井的深度。

由韩国三星船厂于2000年3月建成的"海军勘探者1"号，工作水深3 000余米，钻深12 000米，钻机主绞车功率为5 000千瓦。

目前，钻井船的主要建造国家是韩国和日本，海上石油钻探最深的探井已能钻到海底下7 000米。世界各国的钻井船已超过100艘，新问世的钻井船排水量不断增加，钻井设备储存更多，同时提高了深水作业能力。

第 **3** 章

我国的海洋油气勘探重器

我国海洋油气勘探装备设计建造起步较晚，经历了从无到有、从小到大、从弱到强的发展过程。经过50多年努力，我国海洋平台研制的一些技术已达到世界先进水平，部分技术处于世界领先水平。

20世纪50年代末，石油勘探者在海军和渔民的协助下，潜水调查了莺歌海浅海油气田，取得了储油岩样和气样。1960年，在驳船上安装冲击钻，在莺歌海海域钻了两口井，井深26米，首次获得150千克重质原油。1964年，在浮筒沉垫式简易平台上安装陆用钻机，在莺歌海水深15米处钻了3口井，井深388米，获10千克原油。1971年，我国在渤海海域发现"海四"油田，这是我国第一个海上油田，年高峰产油量8.69万吨，累积采油60.3万吨。1972年，我国第一座坐底式"海五"平台由渤海石油公司设计建造。同年，我国第一座自升式钻井平台"渤海1"号由

七〇八所设计，大连造船厂建造。1974年，"勘探1"号双体浮式钻井船建造完成。50—70年代是我国海上石油勘探开发艰难起步阶段，在这段时期共钻井127口，获石油储量1.3亿吨，建成原油年产能力17万吨，共累积采油96万吨。

1984年，我国第一座半潜式钻井平台"勘探3"号建成。1988年，"胜利3"号坐底式钻井平台由胜利油田设计，中华造船厂与烟台造船厂联合建造。

进入新世纪，我国海洋石油工业发展进入高速发展期。2008年4月28日，我国首座自主设计、建造的"海洋石油981"深水半潜式钻井平台在上海外高桥船厂开工建造，并于2011年5月23日建造完成。2012年5月9日，"海洋石油981"在南海海域首钻成功，这是我国石油公司首次独立进行深水油气的勘探，对我国海洋石油勘探向深水拓展具有重要意义。

我国坐底式钻井平台发展

我国从20世纪60年代初开始研究设计坐底式平台，至今已成功设计建造多座坐底式平台。坐底式平台主要应用于我国浅海油气勘探开发中。

 突破极浅海禁地的"胜利1"号

我国第一座自行设计、建造的坐底式

上部平台

立柱支撑结构

下部结构

> 图88　坐底式钻井平台

> 图89　"胜利1"号坐底式钻井平台

平台是"胜利1"号坐底式钻井平台，该平台由胜利油田钻井工艺研究院和天津大学海洋与船舶工程系联合设计，烟台造船厂建造，并于1979年投产。其工作水深1.5～6米。上层平台尺寸为56.5米×24米，立柱和撑杆全部采用直径426毫米圆管及其组合结构，沉垫尺寸为45米×24米×2.5米。

 ### 滩海"步行者"——"胜利2"号

"胜利2"号坐底式钻井平台是我国第一艘极浅海步行坐底式钻井平台，由胜利油田、上海交通大学和青岛北海船厂联合研制，是一座既能"涉水"，又能"步行"的两栖钻井平台。该平台最大工作水深为6.8米，平台结构分为内、外体。船体总长72米，宽42.5米，外体甲板高12.6米，内体甲板高10.8米，空船排水量4 144吨，平均吃水1.5米，最大作业水深6.8米。

该平台借助一套步行机械和液压系统，可在平坦的海床"步行"，步距10米，步行速度每小时60～100米。"胜利2"号步行坐底式钻井平台于1988年建成投产，到1992年底，该平台共钻11口井。1992年，该平台获全国十大科技成就奖。1995年，该平台获国家发明二等奖。

 ### 胜利油田浅水钻探的主力军——"胜利3"号

"胜利3"号是我国自主研究设计、建造的坐底式钻井平台。20世纪80年代，我国海洋油气开发已经起步，但装备奇缺，

> 图90 "胜利2"号坐底式钻井平台

> 图91 "胜利3"号坐底式钻井平台

是引进还是自主设计建造有些争论。出于开发的急需，也由于国内研制水平低、周期长，难以满足油气开发的需求，一段时间买进不少二手开发装备，国内研制少人问津。此时胜利油田大力支持开发国内坐底式平台，成果可观。"胜利3"号由七〇八所研究设计，中华造船厂、烟台造船厂建造，1988年建成，入级中国船级社CCS。

综合指标 该平台作业水深2.5～9米，钻井能力7 000米，一次就位最多可钻8口。

主要尺寸

沉垫：长68.4米，宽39米，高3.0米。

平台体：长77.82米，宽39.5米。

主甲板高：14.7米。

平台床位：105个，可供85人居住。

平台自持能力：20天。

1988年10月15日，"胜利3"号钻井平台建成，10月18日拖至第一口井——桩西"埕北11"井施工。1990年7月，"胜利3"号平台赴辽河承担"LH10-1-1"井施工。此后，"胜利3"号平台连续13年在辽河进行石油勘探开发钻井作业，发现了辽河亿吨级大油田——辽河葵花岛油田，为我国海洋石油建设做出了积极贡献。

"胜利3"号平台先后在冀东、大港、桩西海域与美国科麦奇、阿帕奇、EDC及意大利阿吉普公司成功合作，在市场上树立了良好的信誉，成为渤海湾2.5～9米水深钻井市场首选平台。

小 贴 士

平台自持力

平台自持力是指平台上所携带的淡水和食品在海上能维持的天数。

"埕北CB1"井是"胜利3"号与美国EDC公司合作的第一口探井，2001年12月29日开钻，2002年1月4日完钻。

2004年，"胜利3"号平台在大港油田"庄海801"井的施工中，成功钻出定向井，开创了平台从事定向井作业的先河。

2007年，"胜利3"号平台同比年累计进尺、年交井口数、年远距离拖航频次、年度转战海域次数均创历史最高纪录，完成9口探井，总进尺20 538米，首次突破全年探井进尺2万米大关。

2007年8月，"胜利3"号平台在离海滨浴场仅500米处钻探了"滨海21斜1"井。平台实行清洁、密闭、无泄漏生产，积极创建了"绿色平台"。

2008年，"胜利3"号平台在大港油田"滨海28"井施工中创下一系列纪录：大港油田海上探井井深最深，完钻井深4 762米，一开井眼318米浅海作业之最，井底井斜0.9度。

 滩海巨人——"中油海3"号

2007年5月，"中油海3"号坐底式钻井平台建成交付。该平台结构由沉垫、中间支柱和上平台三大部分组成。平台上面的钻机可以纵向和横向移动，一次坐底可以打16口井。平台艉部设有3层生活楼，可供110人居住，楼顶设直升机平台。

"中油海3"号坐底式钻井平台具有以下特点：

（1）坐底式平台结构比较简单、投

> 图92 "中油海3"号坐底式钻井平台（一）

资较小、建造周期较短，特别适合在海床平坦的浅海区域进行油气勘探开发作业。

（2）平台设施齐全，可独立完成钻井、测井、固井、试油及完井作业，自动化程度高。

> 图93 "中油海3"号坐底式钻井平台（二）

（3）自行设计建造，采用设备国产化率高。

2007年6月，"中油海3"号坐底式钻井平台在渤海湾南堡油田开钻，并在当年成功打完3口探井。"中油海3"号坐底式钻井平台是目前国内最先进的坐底式钻井平台，也是世界上最大的坐底式钻井平台。该平台不仅可用于渤海湾浅海区域，也可用于环境和地质条件类似的其他海域。

我国自升式钻井平台的发展

1971年，我国自主研究设计、建造了第一座自升式钻井平台——"渤海1"号自升式钻井平台。目前，我国共有38座自升式钻井平台，其中由我国设计建造的自升式钻井平台见表4。

表4　中国设计建造的自升式钻井平台

平 台 名 称	桩 腿 类 型	最大作业水深（米）	制 造 年 份
"渤海1"号	4根圆柱式桩腿	30	1971
"渤海5"号	4根圆柱式桩腿	40	1983
"渤海6"号	4根圆柱式桩腿	40	1983
"渤海7"号	4根圆柱式桩腿	40	1984
"中油海1"号	4根圆柱式桩腿	极浅水深2.5	1998
"中油海5"号	3根圆柱式桩腿	40	2007
"中油海6"号	3根圆柱式桩腿	40	2007
"中油海7"号	3根圆柱式桩腿	40	2008
"中油海8"号	3根圆柱式桩腿	40	2008

（续表）

平 台 名 称	桩 腿 类 型	最大作业水深（米）	制 造 年 份
"中油海9"号	3根桁架式桩腿带桩靴	76.2	2008
"中油海10"号	3根桁架式桩腿带桩靴	76.2	2008
"海洋石油941"	3根桁架式桩腿带桩靴	122	2006
"海洋石油281"	3根圆柱式桩腿	40	2009
"海洋石油282"	3根圆柱式桩腿	40	2009
"海洋石油901"	3根圆柱式桩腿	35	2009
"海洋石油902"	3根圆柱式桩腿	35	2009
"海洋石油936"	3根桁架式桩腿带桩靴	91.4	2009
"海洋石油937"	3根桁架式桩腿带桩靴	91.4	2008
"海洋石油921"	3根桁架式桩腿带桩靴	60.9	2010
"海洋石油923"	3根桁架式桩腿带桩靴	60.9	2011
"CP-300"	3根桁架式桩腿带桩靴	91.4	2011

 ## 海上的"东方红1"号——"渤海1"号

　　1971年11月30日，我国第一座自升式钻井平台"渤海1"号建成交工。平台总长60.6米，总宽32.5米，型宽32米，型深5米，工作区水深30米，钻探深度为4 000米。桩腿依靠一整套液压装置，将4 600吨重的平台自海面升到离海面9米的高度，进行钻探作业。

　　"渤海1"号是新中国成立后，在国内工业基础落后，没有任何经验与国外参考资料的情况下，完全凭借自身力量完成

> 图94 "渤海1"号自升式钻井平台

设计、建造的我国首座正规化海上钻井平台。"渤海1"号适合于在渤海湾近海作业，自建成交付至今，在渤海湾钻井50余口。由于其较高的设计和建造水平，在渤海湾钻井过程中，经受了十级风浪和唐山地震的严峻考验。"渤海1"号的建成，打破了世界上少数国家的技术垄断和封锁，使我们拥有了开发海洋资源的自主研发装备。因此，"渤海1"号被誉为我国海上的"东方红1"号，并在1978年获全国科技大会科技成果奖。

首获国际通行证的海洋平台——"渤海5"号和"渤海7"号

1983年，在"渤海1"号的基础上，我国又设计、建造了两座40米自升式钻井平台——"渤海5"号和"渤海7"号。这两座平台总长76米，总宽46.6米，型深5.5米，作业水深5.5～40米，满载排水量6 400吨，吃水3.5米，4根圆柱式桩腿长度达78米，每桩举升能力高达1 800吨，定员86人。这两座平台的升降机在"渤海1"号的基础上做了重大改进，设计了双移动升降机构，解决了"渤海1"号液压升降机构不同步的问题，不会导致平台侧翻和设备卡住。

骁勇善战的"海洋石油941"

"海洋石油941"是我国首座作业水深超过100米的钻井平台，作业水深达122米，钻井深度达9 145米；也是当今

> 图95 "渤海5"号自升式平台

> 图96　正在作业的"海洋石油941"自升式钻井平台

> 图97　"海洋石油941"自升式钻井平台

国际上结构最先进、钻井设备最精尖、操作最智能、自动化程度最高的自升式钻井平台。不仅可以完全胜任深海作业需要，而且让钻井工人彻底告别手扶刹把等一系列繁重操作，从而使钻井作业效率和安全系数比以前人工操作有了大幅度提高。

2006年9月11日，"海洋石油941"正式开钻后，获得了首口井就见油的好彩头，并创造了百日内连续打出10余口高产油气井的骄人业绩。它还转战南海北部湾、琼州海峡等海域。2014年，在"惠州21-1-18"井创下自升式钻井平台井深新纪录。"海洋石油941"的建成投产扩大了我国深海钻井作业区域，使我国海洋石油钻探装备提高到一个新的水平。因为它的高超技术和骄人战绩，所以"海上石油941"被称为"海上骑士"。

我国半潜式钻井平台的发展

改革开放初期，我国在水域较深、海况较为恶劣的海域尚无可进行勘探钻井的海洋平台。为了满足日益增长的油气需求，国家决定全面开发我国大陆架油气资源，一批新型海洋油气开发装备急需研发、设计，从而开启了我国深水海洋油气装备研制的新篇章。

比肩国际的"勘探3"号半潜式钻井平台

1984年7月，我国首座自主设计建造的半潜式钻井平台——"勘探3"号，正式交付使用。"勘探3"号半潜式钻井平台属于第二代半潜式钻井平台，其作业水深为200米，钻井深度为6 000米，甲板可变载荷2 000吨，配置单井架钻井系统，采用8点锚泊定位。"勘探3"号半潜式钻井平台的性能在当时处于国际先进水平。

1984年12月6日，刚刚建成的"勘探3"号半潜式钻井平台即投入到我国东海海域"灵峰一"井的勘探工作中。之后，"勘探3"号半潜式钻井平台不仅在我国南北海域，而且在东南亚海域和俄罗斯萨哈林海域都开展了钻井作业。至2009年2月，"勘探3"号半潜式钻井平台共钻井79口。它的建成在中国造船工业、海洋开发装备等领域具有十分重要的意义。

> 图99　"勘探3"号平台试油成功

> 图100　"勘探3"号平台主体

> 图98　"勘探3"号半潜式钻井平台

"勘探3"号半潜式钻井平台整体设计的中心环节是平台甲板、主柱和沉垫三者之间26个节点的机械连接支撑，特别是水平桁撑的汇合点。这些水平桁撑的汇合点是半潜式钻井平台作业时受力最集中的地方，其结构强弱是影响整座平台刚性的关键。设计人员经过精确的计算，将"勘探3"号半潜式钻井平台的水平桁撑节点设计为空心的球状结构。当平台处在上浮状态时，节点悬空，可减少水平桁撑承受的重力和行进中的阻力；而勘探平台处于半潜状态作业时，又能有效地分解涌浪的扭曲力。这种特殊的设计有效改善了平台的结构特性。

1979年11月，"勘探3"号建造项目全面启动。当时世界上能够建造这种体积庞大、技术复杂的半潜式海上钻井平台的国家屈指可数。我国是第一次建造半潜式海上钻井平台，既没有建造平台所需的船台、船坞，又缺乏经验。因此，"勘探3"号的建造困难重重。

"勘探3"号建造的最大困难是在相当于12层楼高的空中，把面积4 200平方米、重达2 000余吨的大型平台甲板与6根直径为9米的巨型立柱精确合龙。"勘探3"号的设计者和施工建造人员为此想

> 图101　"勘探3"号半潜式钻井平台夜景

尽了各种办法。他们最终提出了一种"水上合龙、浮力顶升法",成功实现了大型平台甲板与巨型立柱的合龙。由于"勘探3"号建造中的"水上合龙、浮力顶升法"具有独创性,该建造工艺在1982年获得交通部重大科技成果一等奖,1983年获得国家发明二等奖,同时还获得香港"何梁何利"奖等。

1984年7月,"勘探3"号半潜式钻井平台建成交付,这在当时被誉为奇迹。1985年,该平台获得国家科技进步一等奖;1986年,获得年度国家质量金质奖。

> 图102　"勘探3"号半潜式钻井平台获得国家科技进步一等奖

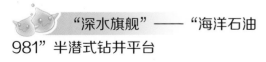

"深水旗舰"——"海洋石油981"半潜式钻井平台

进入21世纪,随着我国成功加入世界贸易组织,对油气的需求也大幅增加。南海深水海域蕴藏着丰富的油气资源,但由于我国没有深水钻井装备,当时在南海深水海域尚未钻一口井,而南海周边国家每年从我国南海掠夺开采油气约5 000万吨。自主研制超深水钻井平台不仅是保障国家能源安全的战略选择,更是捍卫国家领海主权的重要使命。中海油在2004年启动"981深海装备项目",对国外深水半潜式钻井平台做了将近两年的调研工作,对国外主流半潜式钻井平台的适用海域、主尺度、主要配置和主要功能等有了初步了解。

2006年,在曾恒一院士总体策划下,由中海油研究总院牵头,联合国内优势资源,如七○八所、上海交通大学和中科院力学所等,成立了约有140人组成的技术攻关项目组。技术攻关项目组主要成员在七○八所封闭式办公3个月,对世界主流半潜式钻井平台设计公司(如瑞典GVA、美国F&G、挪威Aker Solutions和荷兰GustoMSC等)设计的半潜式钻井平台进行了梳理分析,解决了深水半潜式钻井平台总体配置原则、设计环境、定位配置、结构形式(上部立柱、下部浮箱)、井架形式、钻井能力等一系列的关键技术问题。

当时我国海洋油气开发主要集中在浅水海域,对深水海域浮式平台的定位方式几乎没有概念。在初步确定深水半潜式钻井平台主尺度和结构形式后,在上海交通大学海洋工程水池开展了模型试验。由于

> 图103 "海洋石油981"半潜式钻井平台在海洋工程水池中进行模型试验

> 图104 "海洋石油981"半潜式钻井平台

> 图105 "海洋石油981"半潜式钻井平台在南海首钻

当时国内尚无海洋工程深水试验池，项目组克服了在浅水池中开展深水半潜式钻井平台模型试验的技术难题。上海交通大学

海洋工程深水池建成后，又对深水半潜式钻井平台开展了一系列模型试验。通过多方案的比选和论证研究，项目组认为锚泊定位应用的极限水深为1 500米，超过1 500米采用动力定位，从而确定了"海洋石油981"半潜式钻井平台采用动力定位和锚泊定位混合定位方式。

最终，项目组基于有限的深水半潜式钻井平台资料，采用以往的知识，综合考虑技术和经济最优的原则，形成了一个完全自主的概念设计方案。回忆那段经历，中海油研究总院技术研发主任谢彬感慨地说："'海洋石油981'概念设计方案是在黑暗中摸索，在摸索中前行，每走一小步就会碰到一个问题，正是解决了这一个个问题，最终见到了曙光。"

2006年，在概念设计基础上，由中海油研究总院牵头，申请了国家863项目"3 000米水深半潜式平台管理技术研究"，从深水半潜式钻井平台的设计、建造、海上试验和数据分析等关键技术开展了全方

> 图106 "海洋石油981"半潜式钻井平台的定位锚设备

> 图107　被中国渔政船环绕保护的中海油"海洋石油981"半潜式钻井平台

面攻关，共形成36项半潜式钻井平台的技术体系。2008年，中海油研究总院牵头申请了国家重大专项"3 000米深水半潜式钻井平台"项目，对深水半潜式钻井平台总体设计、系统集成、平台定位、总体性能分析、结构强度与疲劳寿命分析、平台建造以及模型试验等开展了深入的技术研究，为深水半潜式钻井平台的设计和建造

打下了坚实的基础。

半潜式钻井平台"海洋石油981"的主尺度为：总长114.07米，型宽78.68米，型深38.6米。甲板分为上、中、下三层，上甲板面积比一个标准足球场还要大。在上甲板正中布置钻井井架。从平台底部到井架顶端高度约137米，相当于45层楼高。平台自重超过3万吨，可变载荷9 000

> 图108　"海洋石油981"半潜式钻井平台的立柱结构

> 图109　大风浪中的"海洋石油981"半潜式钻井平台

> 图110　钻井作业实施过程

吨。在生活楼上方设直升机甲板,可起降直升机。"海洋石油981"兼具勘探、钻井、完井和修井等功能,最大作业水深达3 000米,最大钻井深度10 000米,代表了海洋石油钻井平台的一流水平。

中国南海海域水深较深,海况较为恶劣,针对南海海域钻井作业特点,提出了"海洋石油981"的设计要求和技术指标:

(1)设计海况为南海海域200年一遇台风海况。

(2)作业水深为3 000米。

(3)最大甲板可变载荷为9 000吨。

(4)动力定位等级为DP3。

(5)电站功率为5 530千瓦。

(6)井架系统为半井架天车补偿系统。

"海洋石油981"研发设计人员针对这些技术要求和技术指标,在总体性能、主尺度优化、总体布局、结构设计、重量控制、定位方式、系统集成等方面开展了大量技术攻关,在多个方面实现了创新。

"采用4根立柱、横向的两根立柱之间用双连杆支撑"是"海洋石油981"船型最大的特点。为了使平台具有较好的水动力性能、稳性和结构强度,每根立柱相对平台凸了出来。为了使平台具有较好的抗风暴特性,"海洋石油981"在设计时考虑了南海海域200年一遇的台风海况。2011年,"海洋石油981"在舟山海试,期间先

> 图111　"海洋石油981"发现"陵水17-2"气田

后经受了"米雷"和"梅花"两个12级以上台风的正面冲击。经实践检验,"海洋石油981"具有在整个南海海域作业的能力。

近几年,该平台多次在南海海域开展深海钻探作业。2012年5月9日,"海洋石油981"半潜式钻井平台在南海海域正式开钻,这是中国石油公司首次独立进行深水油气的勘探,标志着中国海洋石油工业的深水战略迈出了实质性的步伐。

2014年7月15日,"海洋石油981"半潜式钻井平台在西沙中建岛附近海域按计划顺利取全取准了相关地质数据资料。2014年8月30日,"海洋石油981"半潜式钻井平台在南海北部深水区"陵水17-2-1"井测试获得高产油气流,是中国海域自营深水勘探的第一个重大油气发现。2015年12月2日,由"海洋石油981"承钻的我国首口超深水井"陵水18-1-1"井成功实施测试作业,这表明我国已具备海上超深水钻井和测试全套能力,"陵水18-1-1"井的测试成功是我国在深水勘探领域的又一重大技术突破,开启了我国海洋石油工业勘探的超深水时代。

"海洋石油981"拥有多项创新技术,这些技术都是在国际或国内首次应用在海洋工程领域。

南海海域水深较深,海洋环境十分恶劣,"海洋石油981"采用南海200年一遇台风的环境参数作为设计条件,采用动力定位和锚泊定位组合定位系统,提高了平台抵御环境灾害的能力和远海作业能力。

> 图112 南海作业中的"海洋石油981"半潜式钻井平台

三维建模、超高强度钢焊接工艺、建造精度控制等建造技术在"海洋石油981"建造过程中得到应用,提高了国内海洋油气开发装备的建造能力。

为在南海海域高效安全地开展钻井作业,建立了一整套完整的深水半潜式钻井平台作业管理、安全管理和设备维护体系。

为研究半潜式平台的运动性能、结构应力分布、锚泊张力范围,在船体的关键部位系统地安装了传感器监测系统,建立了系统的海上科研平台,为深水半潜式平台的设计提供了更宝贵和科学的依据。

"双管齐下"钻深井——"蓝鲸1"号半潜式钻井平台

2017年5月18日，我国在南海神狐海域首次试采天然气水合物成功。自此，中国成为少数具备海底天然气水合物（也叫可燃冰）试采能力的国家之一。掌握海底天然气水合物试采技术对保障国家能源安全、优化能源结构意义重大。承担此次钻采任务的正是第七代半潜式钻井平台——"蓝鲸1"号。

"蓝鲸1"号半潜式钻井平台是目前全球作业水深和钻井深度最深的半潜式钻井平台，可在世界上所有深水海域开展钻井作业。"蓝鲸1"号配置了高效的液压双钻塔和全球领先的闭环动力管理系统，与传统单钻塔平台相比，作业效率提升了30%，燃料消耗节省了10%。

"蓝鲸1"号半潜式钻井平台在设计建造过程中攻克了诸多技术难关，成为目前代表人类海工领域最高科技水平的平台。

> 图113　晨曦中的"蓝鲸1"号

2014年，"蓝鲸1"号荣获《World Oil》颁发的最佳钻井科技奖。2016年，该平台又获得OTC最佳设计亮点奖。

　　"蓝鲸1"号平台长117米，宽92.7米，高118米，重42 000吨。平台甲板面积相当于一个标准足球场大小，从船底到钻井架顶端有37层楼高。"蓝鲸1"号平台建造价格非常昂贵，大约要7亿美元，相当于两架空客A380的价格。

> 图114　由可燃冰点燃的放空火炬

> 图115　"蓝鲸1"号的主甲板分布

"蓝鲸1"号拥有双钻塔系统，双钻塔系统能够同时工作，一边打井一边接管。如果钻井平台只有一套钻井系统，只能钻

可 燃 冰

　　可燃冰的学名是天然气水合物，大多分布于陆地冻土区或距海面900～1 200米的深海沉积物中，是由天然气与水在高压低温条件下形成的类冰状结晶物质，燃烧后仅会生成少量的二氧化碳和水，与石油、天然气相比，具有使用方便、燃烧值高、清洁无污染等优点。有专家估计，可燃冰仅海域储量就可供人类使用1 000年，被公认为是石油、天然气的接替能源。

　　可燃冰具有巨大的经济价值和重要的战略意义，引起全球各主要资源国的高度关注。我国是可燃冰资源储量最多的国家之一，除了陆地冻土区外，整个南海的可燃冰地质资源量约为700亿吨油当量，远景资源储量可达上千亿吨油当量，开发前景十分广阔。

> 图116　可燃冰

> 图117 "蓝鲸1"号甲板面积相当于一个标准足球场

一段井，停下来接一段管子，再继续钻。对于深水钻井，需要很长的管子，钻井系统接管的时间也就很长，这样工作效率就相当低。"蓝鲸1"号采用双钻塔系统，把钻井效率提高了30%。

"蓝鲸1"号采用世界上最先进的全液压系统替代了大型绞车驱动钻井系统，从而使钻井顶区的起落操作由半自动变成了全自动，不仅操作方便，作业效率也有了很大提高。

"蓝鲸1"号海上抗风暴能力强。2017年夏天，在南海试采可燃冰期间遇到了12级海上风暴，"蓝鲸1"号不负众望，完全抵御了这次风暴，并且在风暴过后，继续顺利完成了开采任务。

"蓝鲸1"号在南海成功试采可燃冰意义重大，标志着我国在该领域取得了重大技术突破，为可燃冰的商业化开发铺路，将对我国能源结构产生重大影响，提高能源自给率，保障国家能源安全，同时缓解煤炭、石油等带来的环境污染问题，实现我国经济社会持续健康发展。

> 图118 "蓝鲸1"号高度相当于37层楼高

我国钻井船的发展

我国深水油气资源开发起步相对较晚，而深水钻井船的自主研发建造则更要延迟一步。虽然在20世纪70年代时就有尝试，但限于当时技术水平和环境因素的综合考虑，原地停步了较长一段时间。在"十一五"初期启动的我国南海深水油气资源开发海洋工程项目中，也未能包括深水钻井船。不过进入21世纪之后，尤其是2010年之后，我国深水钻井船的设计和建造工作有了令人欣喜的成绩。

我国第一座浮式钻井装备——"勘探1"号钻井船

1970年4月，为勘查海底石油，国务院决定改装、建造和进口钻井船各1条。1974年5月19日，由两条相同的尾机型3 000吨级旧货轮"战斗62"号和"战斗63"号货船拼装改建而成的"勘探1"号自航式双体钻井船正式出海试钻。"勘探1"号应该算是我国自主建造的第一艘钻井船，在当时引起极大的轰动。1978年，该船获全国科学大会奖励。

"勘探1"号是用一个长60米、宽38米、高4米的箱形结构把两条货船牢牢连在一起。拼接后船长100米、宽38米、高11.6米，满载排水量8 000吨，装载量1 800吨，吃水5.6米，工作水深100米，钻井深度3 000米，航速12节，床位150个。

由于"勘探1"号由两条货船改造而成，且受建造时的技术水平和工艺设备限制，该船性能上存在着先天不足而又无法挽救的缺陷：摇摆幅度大，抗风浪能力差，钻井作业受海况限制较大，每年只能在4—7月海上风浪较小时工作。

在工作的6年时间里，"勘探1"号在南海和黄海共钻了7口井，总进尺15 000米，最大井深2 413米。之后，由于船体变形，腐蚀严重，轮机、电机破损，逐渐失去了海上钻井作业的能力。1993年经地质矿产部批准，"勘探1"号予以报废。

2008年5月和12月，由美国公司订造的2艘第六代钻井船——"Bully Ⅰ"号和"Bully Ⅱ"号（现为美国诺布尔钻井公司所有，已改名为"Noble Bully Ⅰ"号和"Noble Bully Ⅱ"号）在上海开工建造。这两艘船分别于2013年和2014年被授予"壳牌年度全球浮动平台"奖项。不过需要一提的是，除了船体设计是采用荷兰GustoMSC公司的PRD

12000型设计方案外，作为钻井船的核心设备，"Bully Ⅰ"号和"Bully Ⅱ"号上包括钻井塔、相关的钻杆、隔水管及防喷器倒运设备等在内的全套钻井设备也并非来自中国，其设计和制造均来自荷兰豪氏威马公司。

> 图119 "勘探1"号钻井船

> 图120 "Noble Bully Ⅰ"号钻井船

刷新最大钻井船记录的钻井船——"大连开拓者"号钻井船

2010年8月22日，"大连开拓者"号钻井船在大连开工建造。该船总长约290.25米，型宽50米，型深27米，设计吃水19.5米，最大高度132米，排水量240 750吨，是世界上最大的深水钻井船。

"大连开拓者"号集油矿钻探、简单加工、原油储存以及装卸等多种功能于一体，造价5.6亿美元，是我国建造的首个"交钥匙"工程的钻井船项目，打破了韩国垄断全球深水钻井船市场的局面。"大连开拓者"号建造标志着我国建造深海油气开发装备的能力越来越强，也为我国造船企业进军世界钻井船建造市场奠定了坚实基础。

首艘完全署名"中国"的钻井船——"OPUS TIGER 1"号钻井船

2012年6月1日,我国首艘拥有全部知识产权,由国内总承包建造,全权负责项目设计、建造、设备采购和安装调试的深水钻井船在上海开工建造。这艘名为"OPUS TIGER 1"号的钻井船是完全署名"中国"的钻井船,总长170.3米,型宽32米,型深15.6米,设计吃水10.5米,最大工作水深1 524米,最大钻井深度9 144米,支持150人膳宿。船上设置8点锚泊定位系统,配有目前世界上最先进的防喷器、水下和井控系统等设备,可用于勘探井和生产井施工。"OPUS TIGER 1"号的建造填补了我国在高端深水海洋钻井船方面的空白。

> 图121 "大连开拓者"号钻井船

> 图122 "OPUS TIGER 1"号钻井船

第 4 章

开采海底油气宝藏的重器

——海洋油气生产装备

一个地区的油气储藏是否具有开采价值，需通过海上油气勘探来探明油气藏的存储位置、储量和地质构造特性等情况。一旦决定开始油气开采生产，就需要另外一批海洋平台和相关设备大显身手了。

油气开采生产首先需要进行油田建设：开发钻井、完井、采油。开发钻井是继勘探钻井之后为开采石油所进行的钻探施工，即钻生产井。完井是对已完钻的生产井以一定的作业程序和井内作业器具，通过射穿油气层并安装好采油树，来控制油气按照人们的意愿从井中开采出来的过程。采油是指对完井的各井，有计划地开启采油树阀门、控制各井产出原油，或以机械提升、化学注入、注水、气举等方式从井内采出石油。

根据作业和水深，油气生产中可采用的平台有：

（1）＜160米：混凝土坐底式平台。

（2）＜350米：导管架平台。

（3）500～1 500米：张力腿平台、立柱式平台、半潜式生产平台。

（4）＞1 500米：立柱式平台、半潜式生产平台。

在一定的环境条件下提供一个相对稳定的作业平台，是油气生产装备的功能需求。

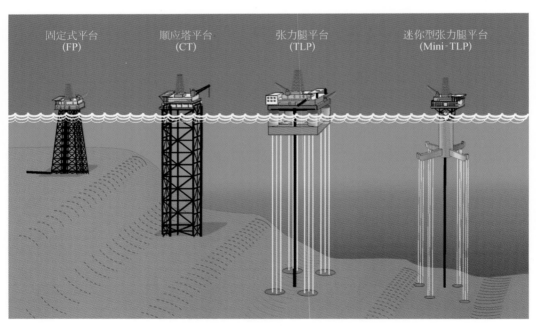

固定式平台　　　顺应塔平台　　　张力腿平台　　　迷你型张力腿平台
（FP）　　　　　（CT）　　　　　（TLP）　　　　　（Mini-TLP）

> 图123　固定式和半固定式平台

海底的摩天大厦

混凝土坐底式平台

混凝土坐底式平台是钢结构坐底式平台的升级版，又称为重力式平台，它是固定式平台，最多可在水深300米作业。因为混凝土的抗磨损、抗腐蚀特性好，这种平台依靠钢筋混凝土柱体结构支承上部模块，使平台总高比钢结构坐底式平台高，就像一座钢筋混凝土摩天大厦。同时，它具有承受火灾、爆炸的能力，坐底的沉垫可用来储油的优点。

混凝土坐底式平台分模块、立柱、沉垫三部分。安装完成后，沉垫坐落于海底表面，为平台提供刚性支持。混凝土坐底式平台多为综合处理平台（部分具备储油功能），在北海海域应用较多。该类平台体型庞大，作业排水量可达上百万吨，因此制造、安装、拖航难度巨大，需要动用7～8艘海洋拖船进行拖航。

> 图124 混凝土坐底式平台

> 图125　混凝土坐底式平台示意图

海上油气生产的主力装备

导管架平台

导管架平台作为浅海地区采油装备，可在10～200米的范围内（个别平台超过300米）工作。导管架平台是目前世界上使用最多的一种平台，也是最成熟和最通用的一种平台形式。

 导管架平台概述

导管架平台是用钢管桩通过导管架中空管柱打桩固定在海底的海洋桩基式平

> 图126　导管架平台

台。导管架本身具有足够的刚性，以保证平台结构的整体刚度，从而提高了平台抵抗风、浪、流等载荷的能力。

导管架平台主体包括基础结构和上部结构两部分。基础结构分为导管架和钢桩。上部结构由甲板、梁、立柱、桁架构成，主要作用是为海上钻、采提供必需的场地，以及布置工作人员的生活设施，提供充足的甲板面积，保证钻井或采油作业能顺利进行。

导管架平台安装完成后，底部结构与桩基相连，桩基插入泥面以下为平台提供刚性支持，作业水深一般不超过300米（世界在役最大的导管架平台——Bullwinkle平台作业水深达492米）。导管架平台可采用干式采油，多为综合处理平

小 贴 士

干 式 采 油

海上开采的早期，水深较浅，生产系统（简称油井）都是通到平台上，便于接油管等操作和管理，这种油井系统又称为"干井"。

后来随着油气开发，水深快速增加，在成本、技术进步等因素的综合作用下，水下井口开始被采用，它的井口头、采油树都浸在水中，又被形象地称为"湿井"。使用湿井设备可以降低深海平台的投资，也能减少干井那样跟着平台受灾害天气的影响，可靠性高。但操作必须通过脐带缆索远程遥控，比干井复杂得多，无论系统、设备、操控都是高技术。

> 图127 导管架结构

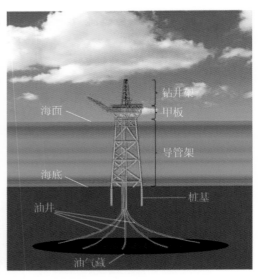

> 图128 导管架平台原理示意图

台，或用于钻井和采油的井口平台。

目前，我国已建成导管架平台200多座，拥有丰富的设计、建造、安装、运维经验。导管架平台仍将是我国用于浅水开发的主力平台。

 导管架平台的特点

导管架型平台分为主桩式（桩沿导管打入）和裙桩式（桩沿平台四周的裙桩套筒内打入）。

按导管腿的数量和主要特征划分为：

单腿导管架、双腿导管架、三腿导管架、四腿导管架、八腿导管架。

按水深和导管架工作环境特点划分，水深小于60米的称为浅水导管架，水深超

> 图129 四腿导管架

> 图130 八腿导管架

过100米的称为深水导管架，水深介于二者之间的称为浅深导管架。

按质量划分，质量在1 000吨以下的称为小型导管架，质量在1 000～5 000吨的称为轻型导管架，质量在5 000～10 000吨的称为中型导管架，质量在

> 图131 浅水导管架

> 图132 深水导管架

10 000吨以上的称为重型导管架。

　　浅水与深水导管架的结构有差别，深水导管架平台拥有更为密集与复杂的拉筋等桁架结构，像密集的立体网络，以承受更大水深的海水压力与其他各种作用力。

 导管架平台的发展

　　世界上第一座固定式海洋平台建于1887年，安装在美国加利福尼亚州的油田上。

> 图133　世界上第一座木质结构的海洋平台

　　1947年，在美国墨西哥湾海域水深6米处成功地安装了世界上第一座钢质导管架平台。此后，海洋油气平台开始迅速得

> 图134　世界上第一座钢质结构的海洋平台

到发展。

　　20世纪70年代末，巨型导管架平台已工作于墨西哥湾400多米的水深中。这种导管架式平台逐渐地扩展到更深的水域和更恶劣的海洋环境中。迄今为止，世界上建成的大、中型导管架式海洋平台约有7 800座，服役时间超过25年的导管架平台占比50%以上。这些平台以勘探、开发海洋资源为主。

 我国的导管架平台

　　1966年，我国在渤海建成第一座钢质导管架桩基平台，并于1967年6月成功地钻探了第一口井深2 441米、日产原油35.2吨、天然气1 941立方米的海上油井。从此，中国海洋石油工业发展进

> 图135 钢质导管架桩基平台

入了新阶段，海洋石油工业的发展推动了制造行业、安装行业以及平台设计的发展。

深水型结构平台

随着开采向深水中推进，导管架将越来越高，各项性能参数的要求也将越来越高。导管架上部组块结构应布置紧凑，结构更趋合理。

"亚洲海上第一巨塔"——"番禺30-1"气田导管架

"番禺30-1"气田导管架是目前亚洲最大的海上油气田平台导管架，高213米，自重19 200吨，加上钢桩总重达25 200

> 图136 服役于水深超过200米的"荔湾3-1"气田深水导管架

> 图137 结构布置紧凑的深水导管架上部组块

吨，2004年年中开始设计，2005年1月开工建造。为保证导管架顺利装船与安装，专门租用了一条8万吨级的下水驳船作为导管架运输和下水之用，由当时亚洲最大的3800吨浮吊——"蓝疆"号执行海上安装作业。

"番禺30-1"气田导管架设计水深200米，无论是结构、运输、下水及配套系统的设计都属国内首次。该导管架的建成，不仅为周边油气构造的开发提供了支持，也标志着国产原材料和部分设备的制造、加工水平达到或接近海洋工程的国际标准。

拴在海底的出水堡垒

张力腿平台

导管架平台的极限作业水深不能超过500米，那么更深处的海洋油气资源就需要依靠浮式钻井平台来担此重任。人们在探索深海采油平台时，开始尝试一种具有类似导管架平台的塔体，又增加了一些构件，以限制和约束其在外力作用下所产生的漂荡，从而满足油气开采对位置稳定性基本要求的张力腿平台。

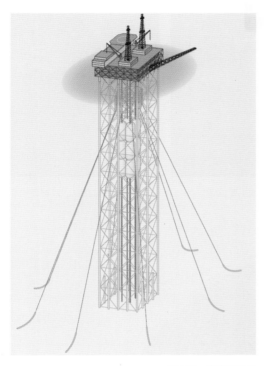

> 图138 顺应塔平台

 张力腿平台的结构

张力腿平台是一种垂直系泊的顺应式平台，其主要的设计思想是通过平台自身的特殊结构形式和安装方法，产生远大于平台结构自重的浮力，浮力除了抵消自重之外，剩余部分就称为剩余浮力，这部分剩余浮力与张力腿的预张力平衡。预张力作用在张力腿平台的垂直张力腿系统上，使张力腿时刻处于受拉的绷紧状态。较大

的张力腿预张力使平台平面外的运动较小，近似于刚性。

张力腿平台主船体包括垂直于水面的立柱，以及浸没于水中的浮箱。张力腿平台的立柱一般为圆柱形结构，是平台波浪力和海流力的主要承受部件。下浮体是三四组或多组箱型结构，浮箱首尾与各立柱相接，形成环状结构。

张力腿将平台和海底固接在一起，为生产提供一个相对平稳安全的工作环境。此外，张力腿平台本体主要是直立浮筒结构，一般浮筒所受波浪力的水平方向分力较垂直方向分力大，因而通过张力腿在水平面内的柔性实现平台水平方向运动。张力腿平台这样的结构形式使得其具有良好的运动性能。

> 图139 作业中的张力腿平台

> 图140 张力腿平台

> 图141 张力腿平台的主要组成

> 图142 四立柱、四箱型结构的张力腿平台

> 图143 单立柱、三箱型结构的张力腿平台

张力腿平台的特点

目前，张力腿平台已投入使用的有24座，其共同点是：具有良好的运动响应特性；可在300～1 500米水深大展身手。

张力腿平台保留了传统的固定式生产平台的许多作业优势，其生产操作方式与维护作业方式同传统固定式平台相似。但是，对于深海油田，由于张力腿平台造价低，特别是在300～1 500米水深范围内，采用张力腿平台优势明显。

张力腿平台的发展

1984年，在北海157米水深处的Hutton油田安装了世界上第一座张力腿平台，标志着张力腿平台技术的完全成熟与工程化，并用于实际生产领域。

Hutton张力腿平台本体由6根立柱和4个浮筒组成，平台每根角柱和4根厚壁钢管组成的张力腿与海底地基基础连接，同时张力腿通过平台本体的浮力保持张紧的受力状态，张力腿在水平面之上和甲板相锚固。

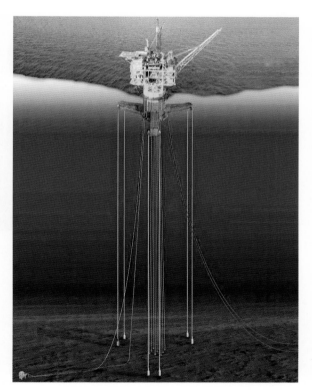

> 图144　迷你型张力腿平台

> 图145　Hutton张力腿平台

1989年建成了Jolliet张力腿平台，该平台位于墨西哥湾542米深的海域。它与Hutton平台相比，结构尺寸小很多，主要由钻探基座、基础系统、张力腿系统和平台本体四大部分组成。

Jolliet张力腿平台由4个立柱和4个浮筒组成，立柱下端与4组、12根张力腿筋腱锚固，从而把平台与海底基础相连，首次将张力腿筋腱锚固在平台立柱外侧，使张力腿的安装过程大大简化。

1992年建成了Snorre张力腿平台。该平台所处海域是当时北海开发最深的海域。平台本体由4根立柱浮筒组成，张力腿的直径较大，壁厚较薄。平台张力腿的连接方式与Hutton张力腿平台的相同，都是张力腿上端与平台连接，底端与吸力锚连接。这样的张力腿造价昂贵，安装困难，因此后来的张力腿设计都在柱外锚固。

> 图147 Snorre张力腿平台

> 图146 Jolliet张力腿平台

1998年，在墨西哥湾建成了第一座Seastars张力腿平台，这是世界上第一次采用小型张力腿平台概念设计的平台，首次实现了在深水域中建立非常经济的单柱张力腿平台生产系统。Seastars平台主要由锚固基础、张力腿、单浮筒柱组成。Seastars

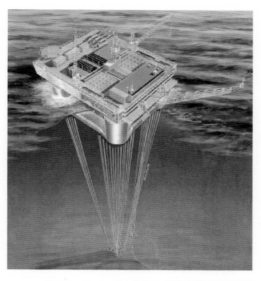

> 图148　Snorre张力腿平台的张力腱系统示意图

平台的甲板由一中央柱支撑，柱下端连接3根矩形截面浮筒，它们在平面上的夹角为120度，形成辐射状，且浮筒的末端截面逐渐缩小。这种平台具有安全的工作性能和低廉的安装费用，在深水油气开发中具有广阔前景。

> 图149　Seastars张力腿平台

Ursa张力腿平台是目前墨西哥湾最大最深的平台，水深为1 226米，排水量为90 000吨。该平台的张力腿由16根筋腱组成，平均分为四组；筋腱为圆筒形，直径1.98米，壁厚46毫米。

> 图150　安装完毕后的Seastars张力腿平台示意图

> 图152　Ursa张力腿平台的立柱内部结构

> 图151　半潜起重船给Ursa张力腿平台安装上部模块

> 图153 MOSES张力腿平台

2001年建成了第一座MOSES张力腿平台，由底部一个很大的基座和4根柱子组成。张力腿连接到基座上，浮力主要由基座提供。

第一座延伸式张力腿平台本体的主体结构由立柱和浮箱两大部分组成，立柱的数目为三柱或四柱，立柱截面为方形或圆柱形，立柱上端穿出水面支撑平台上体，下端与浮箱结构相连，浮箱截面的形状为矩形，首尾相接形成环状基座结构，在环状基座的每一个角上都有一个外延伸形成的延伸悬臂梁，悬臂梁的外端与张力腿连接。

> 图155　四柱式张力腿平台

> 图154　三柱式张力腿平台

张力腿平台的家族在短短20年内飞速发展，将人类开发海洋的脚步不断向前推进。目前，世界上在役和在建的张力腿平台共28座，平台的生产区域从北海和墨西哥湾到西非海域，再到东南亚海域，已逐步扩展到全球各大海上石油产区。

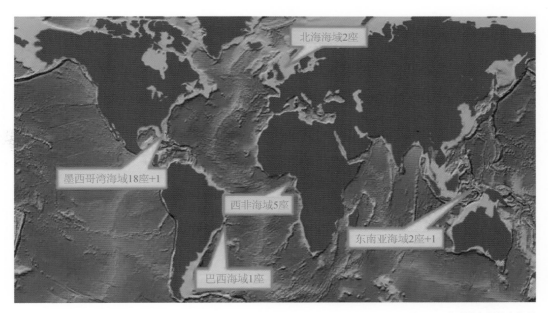

北海海域2座

墨西哥湾海域18座+1

西非海域5座

东南亚海域2座+1

巴西海域1座

> 图156 全球张力腿平台概况

不倒的海上产油大圆堡

立柱式平台

 ## 立柱式平台的结构

立柱式平台是一种典型的应用于深水的浮式平台。立柱式平台集钻井、生产、海上原油处理、石油储藏和装卸等多功能于一身，与浮式生产储油轮配合使用。

与其他类型的平台相比，立柱式平台吃水较深，最深近200米；垂荡和横摇周

> 图157　服役中的立柱式平台

期长，具有良好的运动性能。自1997年
第一座立柱式平台在墨西哥湾海域投产以
来，20多年间，立柱式平台已成为深海油
气开发的主要平台类型之一。

　　传统立柱式平台的主体是一个大直
径、大吃水的具有规则外形的柱状浮式结
构。主体的外壳上还装有2～3列侧板结
构，侧板沿整个主体的长度方向呈螺旋状
布置。螺旋形侧板能够对经过平台圆柱形
主体的水流起到分流作用，减少对平台有
害的涡激运动。

　　立柱式平台的主体柱状结构水线以

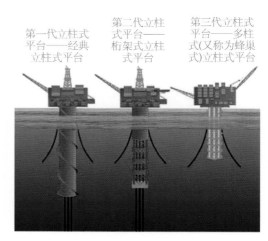

> 图158　立柱式平台形式的演变

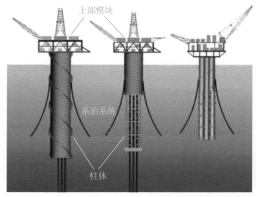

传统立柱式平台　桁架式立柱式平台　多柱式立柱式平台

上部模块

系泊系统

柱体

> 图159　Lucius平台

下部分为密封空心体，以提供浮力，称为浮力舱。主体中有四种形式的舱。第一种是硬舱，位于壳体的上部，它们的作用是提供平台的浮力。中间部分是储存舱。在平台建造时，底部为平衡/稳定舱，当平台已经系泊并准备开始生产时，这些舱则转化为固定压载舱，主要用来降低重心高度。

 ## 立柱式平台的特点

立柱式平台是一种深吃水平台，具有很好的稳性和较好的安全性。

由于吃水深、水线面积小，立柱式平台的垂荡运动比半潜式平台小，在系泊系统和主体浮力控制下，具有良好的运动特性，特别是垂荡运动和漂移小，适合于深水锚泊定位，成为目前主要的适用深水干式井口作业的浮式平台。与其他浮式结构相比，立柱式平台具有以下三大优势：

特别适宜于深水作业

立柱式平台投入使用后，经历了各种恶劣海况，从未发生过重大的安全事

> 图160　立柱式平台主体形式

> 图161　Neptune立柱式平台

故。例如，1998年9月，世界上第一座立柱式平台——Neptune经历了两次台风的考验，其中较大的一次Georges号台风引起的巨浪高达9.75米，稳定风速为78节。但台风对平台运动响应的实际记录比预计的要小，整个平台安然无恙。

灵活性好

采用缆索系泊系统固定，使得立柱式平台便于拖航和安装，在原油田开发完后，可以拆除系泊系统，直接转移到下一个地点，特别适宜于在分布面广、出油点较为分散的海域、区域进行石油探采。

经济性好

由于采用系泊索固定，立柱式平台造价不会随水深的增加而提高。

> 图162 拖航中的立柱式平台

> 图163 波浪中的立柱式平台

 立柱式平台的发展

第一代立柱式平台

首座单柱平台于1997年应用于墨西哥湾的Neptune油田（水深588米），标志着立柱式平台正式应用于海上油气生产。目前，全球共有21座立柱式平台服役，主要分布在美国墨西哥湾，最大作业水深2 383米，是世界上作业水深最大的立柱式平台。

> 图164　Perdido立柱式平台

> 图165　第一代立柱式平台　　> 图166　建造中的第一代立柱式平台

第二代立柱式平台（桁架式平台）

与传统立柱式平台相比，桁架式平台的最大优势在于其建造时中部结构和软舱部分使用较少的钢材，除能有效控制建造费用外，还能减少平台总体重量、减小吃水，从而降低了建造和运输的成本。

桁架式平台通过阻尼板减小垂荡运动，在长周期涌浪中具有较好的响应。此外，由于中部结构为开放式的撑杆，降低了环流造成的拖曳载荷。

> 图167 第二代立柱式平台

> 图168 第二代立柱式平台的海上运输

> 图169　第二代立柱式平台的
垂荡板结构

> 图170　第二代立柱式平台的
开放式撑杆

意大利
比萨斜塔,
高54.45米

美国
自由女神像,
高93米

瑞士
再保险塔,
高179.8米

法国
埃菲尔铁塔,
高324米

> 图171　第二代立柱式平台
Aasta Hansteen与陆上建筑物的
高度比较

第三代立柱式平台（多柱式平台）

第三代立柱式平台又称为多柱式平台，解决了立柱式平台和桁架式平台的主体部分建造工艺难度大的问题。同现有的立柱式平台相比，多柱式平台的最大优点在于降低了建造难度，经济性较好。这种新型立柱式平台的壳体由一束圆柱体组成，称为Cell，由很多处在它们空隙间的水平和垂直的结构单元连接起来。

该平台的上部由6个外圆柱围绕1个中心圆柱组成。这些圆柱提供整体所需浮力。平台的下部将外圆柱中的三个延伸到底部（延长的部分称为圆柱腿）。压载舱在圆柱腿的底部，确保平台的稳性。

> 图172 第三代立柱式平台

> 图173 "Red Hawk"号多柱式平台的柱体结构

海床上的油气开采利器

水下生产系统

20世纪50年代，当时的海洋石油勘探水平无法在较深的水域建造和安装平台，为此人们利用水下完井技术发展出水下生产系统，并在60年代建造出第一座

水下井口。随着深海油气的开发规模不断扩大，除了深水生产平台外，水下生产系统也被越来越多地用于油气开发。

水下生产系统的特点

水下生产系统适用于深水油田，固定式和浮式生产平台都能使用。同时，它又是一种相对独立的生产系统，与生产平台及海底管道等设施组成海洋油田开发系统。

水下生产系统通过在水下布置油井、采油树、生产管汇，放置油气多相泵、分离器等工艺设备和水下通信控制设施及海底管道，将采出井流回接至附近水下/水面依托设施或岸上终端进行处理。

该系统适应性强，可适应不同的水深，不受海上恶劣的环境影响。因将大量设备安装在海底，水下生产系统大大节省了原本需要占用平台的荷载和空间；也不再需要将采出井流送回平台进行处理，简化了生产过程。

水下生产系统可比海上采油平台节省建设投资。随着海上深水油气田及边际油田的开发，水下生产系统在结合固定平台、浮式生产设施组成完整的油气田开发方式上得到了广泛应用。3 000米水深以内的水下生产系统已在西非、墨西哥湾、北

> 图174　水下生产系统示意图

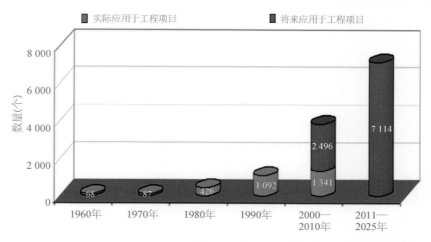

> 图175　1960—2025年全球水下生产系统发展趋势

海等海域经过了实践检验。

 水下生产系统的组成

　　水下生产系统由水下井口、采油树、接入出油管系统和控制油井的操纵设备（如脐带缆等）组成。

水下井口

　　水下井口是海底油气输送通道中的关键节点，其主要功能是有效控制来自海底

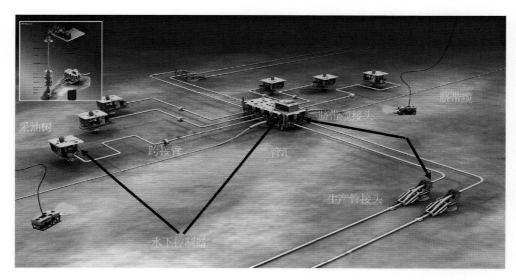

> 图176　水下生产系统的组成

> 图177　水下井口

井口的工作压力，保证海底油气按照设定的流速和流量输送到海底油气集输处理系统，并最终输送到采油平台及陆上终端。

采油树

采油树，又称为十字树、X形树或圣诞树。它是位于通向油井顶端开口处的一个组件，包括用来生产、测量和维修的阀门，以及安全系统和一系列监视器械。它连接了来自井下的生产管道和出油管，同时作为油井顶端和外部环境隔绝开的重要屏障。采油树包括许多可以用来调节或阻止所产原油蒸气、天然气和液体从井内涌出的阀门。采油树通过海底管道连接到生产管汇系统。

水下采油树的构造比陆上采油树要复杂，按照阀组的位置分为立式采油树和卧式采油树。两种采油树的主要区别是阀门相对于井口生产油管的方向不同，卧式采油树的控制阀门和抽汲阀门与生产油管柱孔保持垂直，油管悬挂器的顶部和底部环绕着侧向孔环向密封。此外，卧式采油树可以适应大直径的油管和联合装置，后期维护更容易，在修井方面也比立式采油树更节约时间，因而得到广泛的使用。

管汇

水下生产系统的管汇由管子和阀门组成，用来分配、控制管理石油和天然气的流动。管汇安装在海底井群之间，主要把各井采出的油气集合起来通过海底管线输送到海上平台或陆上终端。

> 图178　采油树和圣诞树

> 图179　立式采油树

> 图180　卧式采油树

从管汇终端到一些大型的结构（如水下加工系统）都属于管汇，因此有多种类型的管汇。管汇系统和采油井是相互独立的，采油井和海底管道通过跨接管与管汇系统相连接。管汇系统主要由管汇主体、支撑结构和基础组成。

管汇系统的安装过程需要工作船、起重机船或者浮式钻井船等配合完成。

> 图181 管汇系统

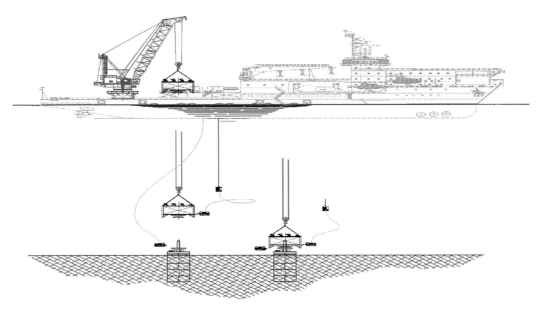

> 图182 通过起重机船安装管汇

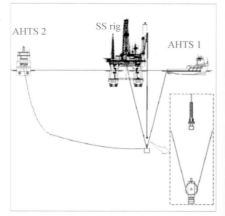

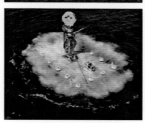

> 图183　通过滑轮安装管汇系统

运输船将管汇运输到安装海域

将管汇通过缆绳与驳船相连

运输船脱离管汇

管汇通过悬垂运动下落到安装位置

> 图184　通过驳船使用悬垂方法安装管汇的过程

水下控制系统和脐带缆

水下控制系统和脐带缆相互配合，对水下生产系统进行控制。目前水下控制系统主要是采用电液复合控制，需由水上设施提供液压液作为动力，通过脐带缆传递控制和液压信号至水下控制模块，再将采集到的井口压力、温度等信号通过脐带缆传送到水上控制终端，从而实现对水下生产的监视与控制。由于水下生产系统设备较多，且布置分散，一般要在水下设置分配单元或脐带缆终端设备，按照水下生产系统设备的布置将脐带缆供应的液压、电力及化学药剂通过水下分配单元进行二次或多次分配。

随着海洋油气资源向深海拓展，水下生产系统增添了水下分离、水下增压和水下清管等系统。

水下分离系统

在海底实现水下分离，可以降低能耗，减少水合物抑制剂的使用，增强海管的输送能力，提高输送效率。水下分离器按功能，又分为油水分离系统和气液分离系统。

水下油水分离系统功能是在海底对生产流体进行初步处理，即进行油水分离，分离出的水输送至注水井，回注到生产井储层中，和传统的处理方式（即将产出液送至海上或陆上处理设备进行处理）相

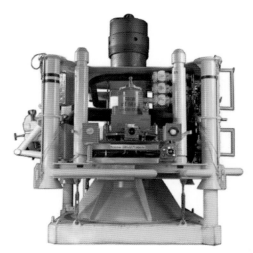

> 图185　水下控制系统

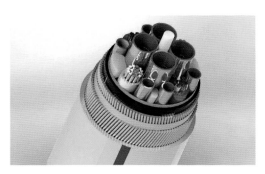

> 图186　脐带缆

> 图187　水下分离系统

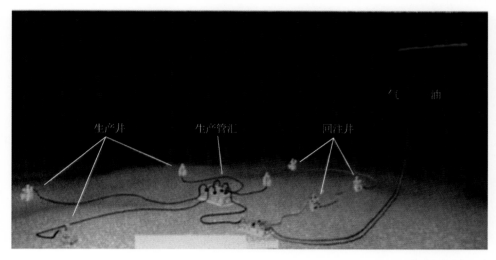

> 图188 水下油水分离系统

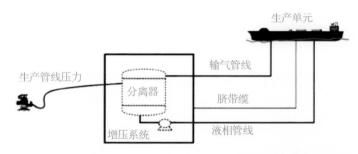

> 图189 水下气液分离系统示意图

比，大幅降低了将海底油气举升至海上终端所需的能量。

　　水下气液分离系统产出气液经生产管汇输送到分离器进行气液分离，分离出的气体和液体再分别经管线输送到海上生产单元。其主要功能是提高油的产量和采收率，对于一些特定的区块，当采用传统技术已不能得到收益时，采用该系统则可以延长区块的开采寿命。由于该系统允许使用高效设备，因此它还可以与水下增压系统配合工作。

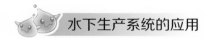 水下生产系统的应用

　　水下生产系统适用范围广，可用于短期开发和早期生产、整个区块的滚动开发、不同水深开发（尤其适合深水开发）、边际油田开发（尤其是可以利用原有生产

> 图190 水下生产系统
> 与导管架平台联合作业

设施开发的边际油田）等。

随着水下井口技术已越来越成熟，水下生产配套技术也日益完善，在一些重大技术问题上取得了新的技术突破，如海底气井的回接技术、水下修井技术等。在一些配套设备上也取得了突破，

> 图191 水下生产系
> 统与半潜式生产平台联
> 合作业

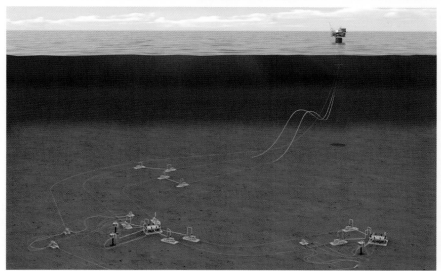

> 图192　水下生产系统与张力腿平台、立柱式平台联合作业

如海底压缩机、海底多相流计、海底分离器等。目前，海洋油气勘探正向深水发展，越来越需要浮式生产储卸油装置（FPSO）、张力腿平台、半潜式装置等进行油气生产，水下生产系统可以和水面处理系统结合组成完整的油气水处理系统。

导管架生产平台适应浅水、油田储量大、井口数量较多的油田。在导管架生产平台附近如果发现储量较小，用2～3口井生产的边际油田，就可以采用水下完井，然后通过海底管道、立管回接到附近

> 图193　水下生产系统和FPSO

的导管架生产平台上，这样就避免了再建生产平台，减少了投入。

半潜式生产平台是一种浮式生产系统，适应于浅水和深水，但由于平台造价昂贵，一般都趋向在深水应用。由于是浮式生产系统，其油气水井流物的来源必然是水下生产系统。我国南海珠江口的"流花11-1"油田就是采用永久式系泊的半潜式生产平台和水下井口来开发的。

张力腿平台和立柱式平台都是一种适应深水、有一定漂移、升沉较小的生产平台，可以回接来自水下完井的立管，扩大平台油气处理范围和能力，降低生产成本。

直接从水下井口获得油气资源，然后通过FPSO进行油气处理、存储和卸油，这样的海上油气处理模式变得越来越广泛。因为储量小的边际油气田，采用灵活多变的水下生产模式和储油能力大、机动性优良的FPSO，对于油田开发成本的降低大为有效，而且不管是浅水还是深水，水下完井和FPSO水面处理系统均能胜任。

无论是国外油气田（以巴西和西非海域尤为明显），还是我国目前的海上油气田生产应用，都充分显示了这两种系统结合的优势和发展前景。

 ## 水下生产系统的发展

第一个水下井口生产系统出现在20世纪60年代初，用于卫星井生产，采油树通过单一的出油管线和控制管电缆回接到主设施，这些采油树大部分是现有陆地和平台采油树的延伸。为了减少多井开发所需油管线和控制管线的费用，在60年代末和70年代初，出现了一种新的水下生产方式，即通过水下管汇汇合各水下井口的生产流体，然后再输送到生产设施进行处理，另外采用了水下控制技术来对各井口进行控制。至2007年底，全世界共有3 000多口水下井口生产系统应用于海上油气田的开发，分布于世界各个产油海区。

除深水开发大量采用水下井口生产技

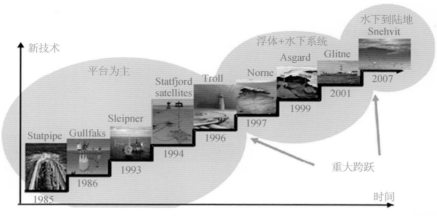

> 图194　海洋油气开发模式演变

术外，国外也有采用水下井口技术开发储量小的边际油田，如帝汶海的Laminair区块，水深400米，6口水下生产井回接到FPSO；澳大利亚Blackback油田，水深400米，有3口水下井口回接到距水下井口23米处的固定导管架平台。在我国"惠州32-5"油田，水深115米，3口水下生产井通过生产管线和控制管线回接到约4千米远的"惠州26-1"生产平台；另外，在我国的"流花11-1"油田、"陆丰22-1"油田、"乐东22-1"油田也都采用水下井口生产系统回接到FPSO或平台上。

较深水域采用水下井口装置是海上油田生产系统的另一个选项。我国南海"流花11-1"油田海域水深约320米，采用了水下生产系统，其水面生产（钻井、修井等）装备是"南海挑战"号半潜生产平台，处理、储存、卸载使用"南海胜利"号FPSO。

目前，国外一些公司专门研究和开发水下井口生产技术及装备，国内在这方面尚处于起步阶段，所使用的水下生产系统全部由国外公司提供，包括后续的服务。我国一直十分重视海洋油气开发，随着开发目标逐渐由渤海等浅水海域转向东海、南海的中深水域，水下生产系统应用的重要性日益突出。如何自主完成海上油气田开发方案的设计，实现水下生产系统的国产化，提高技术和装置设备水平，摆脱对国外技术的依赖，还有很长一段路要走。

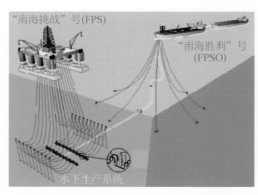

> 图195　南海"流花11-1"油田总体开发方案

第 **5** 章

海上油气加工厂

——油气处理、存储与外输装备

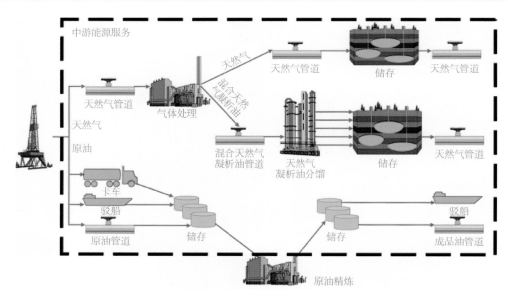

中游能源服务

天然气

天然气管道

气体处理

天然气

原油

卡车

驳船

原油管道

储存

天然气管道

混合天然气凝析油

混合天然气凝析油管道

天然气凝析油分馏

储存

天然气管道

储存

驳船

成品油管道

原油精炼

> 图196　海洋油气处理、存储与外输流程图

　　通过油井从地底开采出的流体，称为碳氢井流，这种流体内含有油、天然气、水、泥及其他杂质，而油气处理就是清除杂质，分离油、气、水、泥，然后进入储存容器。经过这种初步处理的油品称为原油。而后经过炼油工序的处理，才能提炼出汽油、煤油、柴油、重油等各种产品，这些产品可以为各行各业所利用。

　　海洋平台油气处理系统比之陆上油气处理系统不同的是：除了油、气、水分离系统、计量系统、污水处理系统和火炬燃烧系统外，总体布局更加紧凑，安全规定更加严格，因而它的处理能力相应来说更加强。例如，我国"海洋石油117"号浮式生产储卸油装置每天可以处理原油19万桶，相当于陆上10平方千米的油气加工厂。

> 图197　陆上油气加工厂

海上油气处理工厂

浮式生产储卸油装置概述

海上油气处理是对开采出的油气井流进行处理，基本为物理过程，常采用浮式生产储卸油装置（FPSO）进行油气分离、含油污水处理，以及原油产品的储存和外输，其系统功能相当于一座海上油气处理工厂，是集人员居住与生产指挥系统于一体的综合性海上石油生产基地。

作为海洋油气开发系统组成部分的FPSO，是目前海洋工程装备中的高技术产品，它通常与钻井平台或海底采油系统、穿梭油船等组成一个完整的采油、原油处理、储油和卸油系统。其作业原理是：通过海底输油管线接收从海底油井中采出的油、气、水等混合液，经过加工处理成合格的原油或天然气，成品原油储存在货油舱，到一定储量时，经过外输系统输送到穿梭油轮。

FPSO是应用范围最广、应用数量最多的浮式生产装备。经过40多年的实践积累，FPSO技术已经日臻完善，分布在世界各油气生产海域，占浮式海洋工程装

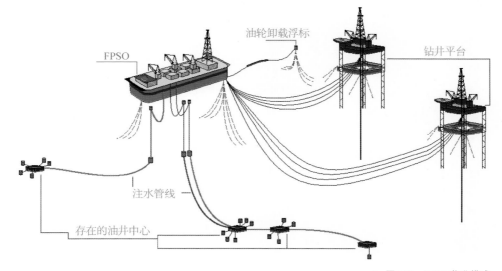

> 图198 FPSO作业模式

> 图199　FPSO+水下生产系统

> 图200　FPSO与穿梭油轮

备的半壁江山。基于其经济性、环境适应性、建造灵活性等系列优势，FPSO在未来油气田开发（特别是超深水油气田开发）中仍会发挥着主导作用。

集油轮与油气处理平台于一身

浮式生产储卸油装置特点与组成

作为海上油气生产设施，FPSO主要由系泊系统、载体系统、生产工艺系统和外输系统组成，涵盖了数十个子系统。比起其他采油生产装备，它的优势在

人员生活区、中央控制室、雷达区域、油气外输区域、直升机起降平台、人员逃生集合区

系泊定位、转塔、火炬塔流体控制和传输旋转接头

油气工艺处理模块、油气计量模块、电站模块等

> 图201　FPSO的结构组成

于存储和外输。目前，最大的FPSO载重量已超过35万吨。船形装备使它与穿梭油轮转驳外输时更便利，还省去了海底输油管道费用。

　　FPSO抗风浪能力强，适应水深范围广，转移方便，可重复使用，这些优点让它广泛适合于各种海洋油气田开发，已成为海上油气田开发的主流生产方式。FPSO适合开发的油气田包括远离海岸的深海、浅海海域及边际油气田。

　　FPSO结构由上部组块和船体两大部分组成，外形类似油轮，但复杂程度远高于油轮。船体部分实现FPSO的一项重要

> 图203　FPSO储油舱

功能——储油。船体同时又作为平台，承载各种功能模块作为上部组块。

> 图202　FPSO主船体

> 图204 船形FPSO

> 图205 圆筒形FPSO

FPSO的船体在风、浪、流、潮作用下，要能够长期被约束在一定范围内，所受的外载荷比普通油轮复杂得多，局部结构强度要做特殊设计。另外，作为载体，包含动力模块、生产模块、储油模块、消防模块、生活模块等，在布局和分隔上更加讲究，安全、救生、环保等要求高。

FPSO按照船体的结构形式，分为船形FPSO和圆筒形FPSO；按照系泊方式，分为单点系泊FPSO和多点系泊FPSO。

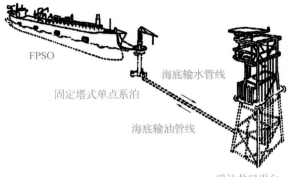

> 图207　固定塔式单点系泊

FPSO的定位方式分为多点系泊和单点系泊。

多点系泊通过多个固定点用锚链将FPSO固定，能够阻止FPSO横向移动。这种方式只适合海况较好的海区。

单点系泊分为转塔式和钢臂式等多种类型，其中较常用的是内转塔系泊系统、外转塔系泊系统和软钢臂系泊系统。

内转塔系泊系统转塔位于船体内部，内转塔高度一般与船体型深相同，下部直径超过10米。外转塔系泊系统转塔位于船体外部。转塔底部与多根锚链相连，锚链的另一端锚固在海底。

软钢臂系泊系统由导管架、旋转接头、系泊铰接臂以及FPSO上的支架组成，通过导管架固定于海底。

不管是什么类型的单点系泊系统，都涉及机械强度高、密封性好的机械旋转头。在风、浪、流的转动下，该旋转头不

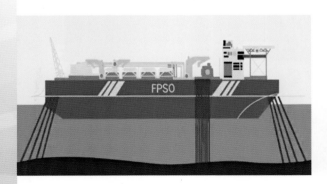

> 图206　多点系泊

> 图208　内转塔单点系泊

> 图209　外转塔单点系泊

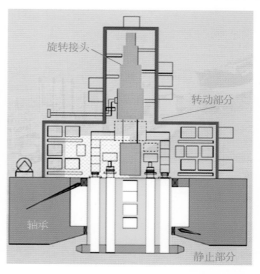

> 图211　单点系泊旋转接头结构

仅承受着巨大的动荷载，还要在运动中保证管道畅通，以及供电和信号的传输。

　　旋转接头装置往往处于风、浪、流、潮水等交替作用之下，在这样的风口浪尖之上，如果发生事故，救援十分困难，所以旋转接头装置必须具有更高的安全性。由于海上设施离岸维修条件差、检修周期长，因此要求旋转接头装置性能可靠、经久耐用。在整个采油系统中，旋转接头装置是一个要求极高的关键设备。

　　单点系泊最显著的特点是"风标效

应"。当风、浪、流方向改变时，船体会绕单点系泊为中心360度旋转，转动到受风、浪、流等环境载荷影响较小的位置，垂向运动和系泊缆张力较小。

　　1958年，世界上第一套单点系泊系统在瑞典作为"海上加油站"成功投产，揭开了单点系泊技术在海洋石油开采和海上原油中转等领域上的应用序幕。我国第一套单点系泊系统于1994年9月建成投产。50多年来，单点系泊技术的发展随着近海石油勘探开发和海上运输业的发展而十分迅速。

 油气处理系统

　　FPSO的油气处理系统与陆上油气处理系统大体相同，包括油、气、水分离系

> 图210　软钢臂单点系泊

统，计量系统，污水处理系统和火炬燃烧系统等。

从井内采出的混合流体通过物理、机械等方法分离出达到向外输出标准的原油、天然气和达到排放入海标准的污水的整个过程，被称为油气分离处理。将各采油平台分离处理后的原油和天然气加以集中、储存，并通过穿梭油轮和海底油气管线等方式将原油、天然气输送至油气终端，被称为油气集输。

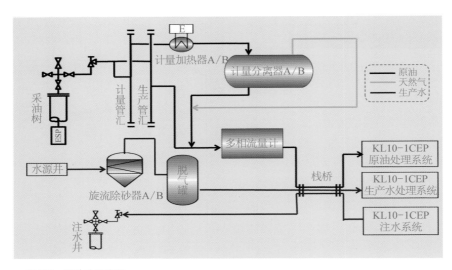

> 图212　石油处理流程

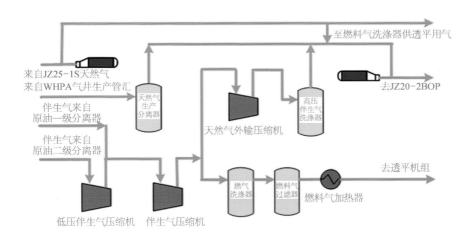

> 图213　天然气处理流程

FPSO油气外输系统

FPSO油气外输系统包括卷缆绞车、软管卷车等，用于连接和固定穿梭油轮和收放原油输送软管。FPSO油气外输方式包括旁靠外输和串靠外输。

旁靠外输是FPSO和穿梭油轮以双方艏部同向或艏艉同向并排作业的一种原油外输方式。旁靠外输时，穿梭油轮和FPSO之间通过带缆连接，穿梭油轮始终随FPSO的转动而转动，从而使穿梭油轮和FPSO之间保持相对位置稳定。为了避免穿梭油轮和FPSO发生碰撞，穿梭油轮和FPSO上需安装护舷装置。

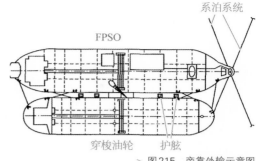

> 图215 旁靠外输示意图

旁靠外输受海况影响较为明显，特别是FPSO和穿梭油轮船体形状和尺寸差别较大时。经验表明，平均波高小于1.5米时，可以采用该种方式外输原油。旁靠外输方式虽然受环境条件限制，但对于海况条件良好的海域，由于旁靠外输

> 图214 FPSO旁靠卸载

> 图216 FPSO串靠卸载

方式所要求的系泊设施和原油输送软管要比串靠外输方式少，投资也较省，故具有一定优势。

串靠外输是FPSO和穿梭油轮采取前后停靠进行原油外输的一种方式。串靠外输过程中，穿梭油轮自主航行至距FPSO安全的距离，由一条拖轮协助将由FPSO引过来的系泊缆绳传递到穿梭油轮上。穿梭油轮通过缆绳连接于FPSO的船艉。之后由拖轮再将输油软管传递到穿梭油轮上，连接好输油管线。拖轮要始终根据变化的潮流不断调整船位，使穿梭油轮和FPSO保持在一条直线上，并保持50～100米安全距离，直至外输作业完毕。

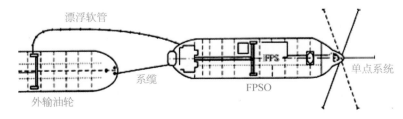

> 图217 串靠外输示意图

当穿梭油轮与FPSO以艏艉相接的方式输油时，辅助拖轮反方向拖拽穿梭油轮，使钢缆张紧，保持油轮与FPSO的距离。

串靠外输方式在FPSO与穿梭油轮快速解脱和迅速脱离方面灵活性强，对两船吨位匹配、装载工况、海况条件等要求较低。串靠外输可以在波高5米时安全工作，更适用于单点系泊FPSO。

> 图218　FPSO外输油管

> 图219　辅助拖轮反方向拖拽穿梭油轮

浮式生产储卸油装置应用方案

FPSO可以与导管架井口平台、自升式钻采平台、半潜式生产平台或外输油气管组合成为完整的海上采油、油气处理和储油、卸油系统。

 FPSO与导管架井口平台组合的应用方案

（1）导管架井口平台负责往海底钻探，并通过立管将海底的原油（未经加工处理过的混合石油）开采出来。

（2）由于导管架平台不能存储油，因此将开采出来的原油输送给附近的FPSO。

（3）通过FPSO上的处理系统，将原油分离为石油、天然气、沥青等物质。

（4）FPSO上处理后的石油可储存在FPSO的储油舱内。

（5）穿梭油轮定期驶向FPSO，将存储于储油舱内的石油抽出，并运向各大港口。

> 图220　导管架平台＋船型FPSO＋穿梭油轮

> 图221 渤海"秦皇岛32-6"
油田的生产装备系统

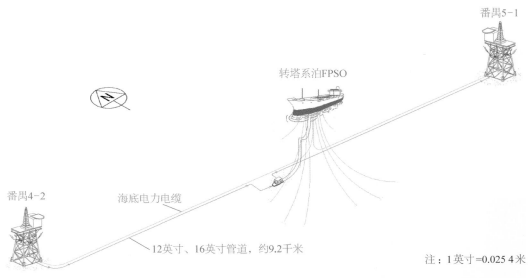

番禺5-1

转塔系泊FPSO

海底电力电缆

番禺4-2

12英寸、16英寸管道,约9.2千米

注:1英寸=0.025 4米

> 图222 "番禺4-2/5-1"油田生产装备系统

例如渤海"秦皇岛32-6"油田，其生产装备系统由6座导管架井口平台、一艘FPSO"渤海世纪"号，以及海底油管、管汇、立管、单点系泊装置的油流转接头和锚泊定位系统部件组成。

广东番禺油田位于南海，距离香港以南200千米。生产装备系统包括：两座导管架井口平台——"番禺4-2"（水深97米）和"番禺5-1"（水深110米）相距18千米；一艘FPSO"海洋石油111"号；除了油管和立管，还有井口平台与FPSO之间的海底动力电缆（淡色线条），从而简化了布置和运行。

FPSO与自升式平台、穿梭油轮组合的应用方案

和FPSO与导管架井口平台组合的钻采、储卸油的步骤基本一致。

自升式平台与导管架平台类似，受水深的限制，一般服役于水深200米以内的浅水区域。自升式平台可以将插入海底的桩腿收起，更换海域作业，因此移动式的自升式平台比固定式的导管架平台应用价值更高。

FPSO与半潜式生产平台、穿梭油轮组合的应用方案

（1）由半潜式生产平台将海底的原油抽出，通过处理装置将原油分离出纯度高、杂质少的石油。

（2）由于半潜式生产平台一般没有储油舱，因此需要将处理好的石油输送到FPSO上进行存储，FPSO也可将石油继续处理。

（3）通过穿梭油轮将处理好的石油运输至各大港口。由于FPSO与半潜式生产

> 图223　自升式平台+圆筒形FPSO+穿梭油轮

> 图 224 半潜式生产平台 +FPSO+ 外输气管

平台最大的作业水深均可达到上千米，因此该组合方案可应用于深水海域。

 FPSO与外输油管的应用方案

（1）FPSO将海底的原油抽取出来，通过其上的设备将原油进行初步加工，并存储在储油舱内。

（2）将FPSO与外输油管连接，通过卸油装置将原油或天然气经由外输油管输送至岸上。该方案不需要穿梭油轮来回运油，但需相当长的海底管线。

此外，FPSO更适用于深水采油，与海底采油系统和穿梭油轮组合成为完整的深水采油、油气处理、原油储存和卸油系统。

> 图 225 FPSO+ 外输气管

浮式生产储卸油装置发展历程

作为海洋石油开发产业链中的关键设施，FPSO属于"高风险、高技术、高投入、高回报、高附加值"的综合性海洋油气装备。其设计与建造集中反映出一个国家的综合工业水平和技术开发能力。

 国外FPSO的发展

FPSO海工结构是20世纪的新产物，至今不过40多年的历史。1976年，壳牌石油公司用一艘59 000吨的旧油轮改装成了世界上第一艘FPSO，1977年应用在西班牙的地中海"Castellon"油田。该平台采用艏部的软钢臂系统进行定位，平台可绕软钢臂单点系泊系统转动，使平台的环境力最小，对平台的结构设计较为有利，平台按照10年生命周期设计，作业水深117米，储油能力高达35万桶。

> 图227　"巴油31"FPSO

据资料统计，截至2018年1月，全球共有207座FPSO在役，主要分布在巴西海域、西非海域、北海和东南亚海域，其中最大作业水深为2 896米（美国墨西哥湾Stones FPSO）。

> 图226　世界上第一艘FPSO

> 图228 "巴油32" FPSO

> 图229 "巴油33" FPSO

> 图230 "巴油35" FPSO

> 图231 "巴油37" FPSO

在用的FPSO的原油储存能力在10万～20万立方米的占了大多数，最大原油储存能力达到31.8万立方米，因此船的主要尺寸也相当大，如巴西国家石油公司新建或改建的"巴油31"、"巴油32"、"巴油33"、"巴油35"、"巴油37"和"FPSO Ⅶ"等FPSO，其长度达到344.2米，宽度达到54.3米，型深达到28.3米，最大吃水深度达到22米；日处理能力在5 000～10 000立方米的占了近1/2，最大日处理能力已超过30 000立方米。

其中，由新加坡远东利文斯顿船厂建造、挪威国家石油公司所有并操作使用的

"Norne"FPSO作业水深为320米，采用内转塔的系泊定位形式，该形式可允许船体绕转塔转动，使船体受外载荷最小，日处理能力达到3.5万立方米，生产水处理能力也较大，为199万立方米/天，注水能力高达4万立方米/天。

由Roar Ramde和挪威海事技术公司联合设计、韩国现代重工施工建造并接近完工的"Ramform Banff"FPSO工作水深达1 524米，属英国所有，由Conoco公司作为操作者，计划用于北海的"Banff/Kyle"深水油田，其抗风浪能力为百年一遇，浪高可达16.76米。

> 图232 "Norne"FPSO

> 图233 "南海希望"号FPSO

我国FPSO的发展

我国第一套按国际行业规则设计、建造、营运的"涠10-3"油田的"南海希望"号FPSO，为我国海上石油开发带来了先进的产品、技术、经营模式和国际上通行的发展理念，也打开了自行研发设计FPSO的道路。1989年，由七〇八所开发设计、沪东造船厂建造的52 000吨渤海"渤中28-1"（又称BZ 28-1）油田的FPSO建成投产，标志着我国自行研制FPSO装置时代的来临，接着10余套新建FPSO装置陆续建成投产，这说明我国采取的研发模式是成功的，是符合我国国情的。

渤海上的FPSO战队

"渤海友谊"号是我国自行设计、建造的第一艘FPSO。该FPSO采用软钢臂系泊方式，工作水深23米。"渤海友谊"号

的设计与建造成功实现了国内FPSO建造零的突破。

"渤海友谊"号的船体设计主要攻克了三大技术难题：

（1）冰区海域FPSO的设计技术。我国渤海是有严重冰冻的海域，北部的辽东湾

> 图234 "渤海友谊"号FPSO

软钢臂YOKE

> 图235   软钢臂YOKE单点系泊系统

海域每年冰期105～120天，面积从几百平方米到几平方千米，冰厚10～40厘米。当时世界上还没有FPSO用于冰区海域的先例。中国工程院院士曾恒一与中国海油的工程技术人员提出采用应急解脱的软钢臂YOKE单点系泊系统，首次解决了严重冰冻海域中FPSO安全作业问题。这项技术比国外建造的抗冰型FPSO提前了整整10年。

（2）特定海域FPSO波浪弯矩的确定，是船体设计的另一个关键技术。由于FPSO要永久系泊在油田连续作业长达20～30年之久，必须能经受住海上狂风恶浪的袭击。在设计"渤海友谊"号期间，国际上无同类实船可供参考。在七〇八所时任所长练淦的指导下，副总设计师赵耕贤提出采用美国船舶结构委员会编制的结构响应程序（SCORES）。在该FPSO总强度计算中，应用基于实际海况下船舶运动计算统计分析方法计算波浪弯矩，是七〇八所设计实践中的重大突破，为设计积累了宝贵的经验。

（3）严密的防火、防爆安全措施，是本船设计中解决的又一个关键技术。该FPSO打破了传统油船的常规布置，通过

> 图236   "渤海长青"号FPSO

> 图237　"渤海明珠"号FPSO

> 图238　"渤海世纪"号FPSO

查阅国内外造船和石油工业的多种法规、规范和标准，划分了危险区域和安全区域，对危险区域内的燃烧设备和机电设备制定了严密的防火措施；对安全区域采取了严格的保护、隔离和防爆措施。除了配备常规的防火构造、探火、灭火设备外，还设置了多级自动和手动应急切断设施及正/负压通风装置等，为该船的安全性提供了可靠的保证。

"渤海友谊"号投产以来，其主要性能、系统及原油加工生产等方面满足设计要求，各系统运行一切正常。"渤海友谊"号在经历一次持续长达20小时的12级大风浪后，不仅船体的稳性和强度经受住了考验，原油加工系统也保持运行正常，充分证明了全船总体的综合技术指标均达到了世界先进水平。"渤海友谊"号的研制成功，开创了我国船舶工业与石油工业技术合作的先例，彻底打开了海上油田开发广泛采用浮式生产系统的新局面，填补了我国海洋工程领域的空白，为我国造船工业承包大型海洋工程船赢得了信誉、树立了威望，也为继续拓展此类装备技术打下了坚实的基础。"渤海友谊"号获得1991年国家科技进步一等奖，2005年被评选为中国十大名船之一。

我国自行设计和建造的第二艘FPSO"渤海长青"号，是我国对外合作的功勋装备之一。油田采取全海式开发模式，即海上生产、储存和外输，FPSO发挥了关键作用，降低了工程投资。它为中海油渤南作业公司储存、处理和外输的原油，相当于中石油大庆油田年产量的一半，为生产设施供电5亿多千瓦·时，超过三峡电站的日发电量。

1993年，由江南造船厂为渤海"绥中36-1"油田建造的75 500吨"渤海明珠"号FPSO投产，每天生产4 000吨原油，储油能力81 200立方米，卸载能力为4 000立方米/小时。

我国自行设计、建造的15万吨级FPSO——"渤海世纪"号和"南海奋进"号是我国第二代FPSO。"渤海世纪"号采用永久系泊方式，作业于"秦皇岛32-6"油田。

"海洋石油117"号是我国第一艘完全自主设计并建造的30万吨级FPSO，2007年4月30日在上海命名交付。这是国内迄今为止建造的吨位最大、造价最高、技术最新的FPSO，标志着我国在FPSO领域的设计与建造已居世界先进行列。

该船船体为双底双壳结构，船长323米，型宽63米，相当于3个标准足球场的面积。从船底到烟囱共71米，相当于24层楼高。可日加工19万桶合格原油，储油能力可达200万桶原油，配有140人工作居住的上层建筑及直升机平台。该船设计寿命25年，通过安装在船艏的软钢臂单点系泊装置，长期系泊于固定海域，25年不脱卸，可抵御百年一遇的海况。

2009年3月，"海洋石油117"号FPSO在"蓬莱19-3"油田成功就位，工程人员仅用两天时间就完成了5艘拖船换拖、就位、交叉缆连接、临时浮筒拆除等作业，

> 图239　"海洋石油117"号FPSO

并顺利完成了系泊腿与软钢臂法兰的预安装。

南海上的FPSO战队

1993年，"南海盛开"号FPSO在"陆丰13-1"油田投入使用。这艘船装有可解脱式转塔系泊系统，可在台风来临前解脱，在台风过后重新连接。

"南海奋进"号FPSO装备于南海的"文昌13-1/13-2"油田。这艘FPSO所在的水域是世界公认的三大恶劣海域之一，设计可在百年一遇的强台风条件下作业。该FPSO所采用的内转塔单点系泊

> 图240　"南海盛开"号FPSO

系统是当今国际FPSO系泊系统的主流形式，目前世界上只有少数国家能够掌握这种技术。"南海奋进"号FPSO成为迄今为止中国自行设计和建造的技术含量最高的FPSO。

2002年1月18日，上海外高桥造船有限公司与中海油签订了建造一艘15万吨级FPSO的合同。该船原油年处理能力为450万吨，配备了7 500千瓦的发电机5台，船体局部结构上进行了抗强台风和抗恶劣海况的特殊处理，能承受百年一遇的风暴。该船是世界上第二艘内转塔单点永久系泊

FPSO，这表明中国的FPSO设计与建造水平又迈上了一个新台阶。

"海洋石油118"号FPSO是我国最新、最先进的FPSO，总投资达27亿元，使用钢材总量达3.5万吨，共采办353台套大中型设备，国产化比例近80%。该艘FPSO船体总长266.64米，从船底到上部建筑总共50.5米高。该船设计载重量15万吨，原油日处理能力最高达到5.6万桶，服务寿命为30年，能够满足500年一遇的生存环境条件要求。该船首次采用双壳型船体构造（双层底、双舷侧），增加了船体安全

> 图241 "南海奋进"号FPSO

> 图242 "南海胜利"号FPSO

性，增强了FPSO抵御恶劣海况的能力；采用浸没式深井泵，取消了泵舱，增加了舱容；SLOP舱及工艺流程水舱位于船中，有效减少了船体的静水弯矩与剪力，减少钢材约615吨。

"海洋石油118"号的研发团队通过总结10多型FPSO的设计经验，秉承FPSO"绿色、安全、高效"的设计理念，优化总布置和与工艺流程相关的液舱布局，以提高用户作业效率和可靠性原油处理工艺流程的核心任务需求进行船舶系统的设计与优化。

作为油田生产的关键装备，这艘崭新的FPSO在2014年9月份赶赴我国南海的

> 图243 "南海开拓"号FPSO

> 图244 "海洋石油118"号FPSO

"恩平"油田,为推进海洋油气开发再立新功。

经过近30余年的不断探索,FPSO的作业海域从10多米到几百米,吨位也从5万吨级至30万吨级,相应的产业也向超大型化和专用于边际油田的小型化发展。我国FPSO产业走过了由国外进行概念设计到完全由国内自主设计与建造的过程。我国研制的抗冰型、浅水型和抗台风型FPSO的整体水平更为世人所瞩目。随着海洋石油的开发从近海转向深海,我国已经完全具备根据不同油田、不同海域研制不同FPSO的能力,并走出国门承接国际市场上FPSO的设计与建造。

 ## 新型FPSO概念的诞生

为了解决环境污染问题,提高FPSO系统的环保性能,国内外海洋工程界不断提出一些新的FPSO概念,如圆筒形FPSO、浮式液化天然气船(FLNG)及浮式钻井生产储卸油装置(FDPSO)等。

圆筒形FPSO

全球首座圆筒形FPSO——"Piranema Spirit",由中集来福士建造,2006年4月交付。

FLNG

FLNG为船形或圆筒形,作业水深10

> 图245　圆筒形FPSO——"Piranema Spirit"

米以上，只能支持湿式井口，可进行天然气生产、处理、液化、储存及外输。

截至2018年1月，全球共有2座在役FLNG，另有在建项目2座，在调试项目1座，目前主要分布在环境条件比较好的区域，最大作业水深2 200米，我国尚没有FLNG服役。

液化天然气是当今全球关注的重要领域，正处于蓬勃发展的阶段，FLNG装置也作为一种新型油气开发装置成功走向工程应用。FLNG不需要长距离回接管线，摆脱了陆地处理终端的限制，为深远海气田的开发提供了全新的选择。目前的几个FLNG项目，离岸均在200千米左右，充分利用了FLNG的优势。从长远看，随着工程技术的成熟及成本降低，FLNG具有

液化天然气船

上部模块

船体

立管

系泊缆

> 图246　浮式液化天然气生产储存外输装置

> 图247　即将作业于澳大利亚西北海域"Prelude"气田的FLNG

> 图248 FLNG和液化天然气船旁靠外输作业

> 图249 FLNG和液化天然气船串靠外输作业

很好的发展前景。

FDPSO

FDPSO为船形或圆筒形，作业水深500米以上，支持湿式井口，可进行钻井、油气生产、处理、储存及外输。

目前，全球只有西非"Azurite"油田一个应用案例（已经退役），作业水深为1 400米。我国已完成一座FDPSO建造，但尚未服役。

FDPSO的优势是可以钻井、生产、处理、储存、外输一体化。一体化的结果也造成了风险的累积，由此FDPSO对作业海况有极高的要求。西非海域是世界公认的温和海域，FDPSO可多点系泊，作业条件极好，各种风险被降到最低。FDPSO方案不仅为项目节省了租赁钻井船费用，还使得项目工期更为可控，由此受到海洋工程界青睐。但是，随着油价的走低，钻井平台（船）严重过剩，生产设施携带钻井装备的必要性已经值得商榷，加上恶劣环境条件下的定位、钻井作业及外输界面复杂，FDPSO再没有新的项目上马。

> 图250　FDPSO

第 *6* 章

海洋油气开发
装备的生命历程

——建造、运输、安装与拆除

海洋油气开发装备整个生命周期包括设计、制造、安装、作业、维修和拆解等各个阶段，每个阶段都有其鲜明的特点。各个阶段既相互独立，又相互联系，从而保证海上油气开采作业安全、可靠和持续地开展。

海洋油气开发装备的建造

海洋油气装备是高端的装备产业，其建造比船舶建造更为复杂，技术要求高，制造难度大，曾长期被国外垄断。高效的海工建造模式是造船企业发展的必经之路，国内船厂通过不断探索，在设计理念、工艺研究、建造技术上已经取得了显著的成绩。

分段组合的"海上铁塔"——导管架平台的建造技术

导管架平台的建造主要分为材料验收、钢材预处理、材料放样与号料、分段组装、平台合龙、平台拖拉装船等步骤。

材料验收

船厂用于建造平台的材料主要有钢板、型钢、焊材和钢管等。不合格的材料容易造成安全隐患，因此材料检验是必不可少的一环，对整个工程质量起到至关重要的作用。

> 图251　钢板材料的验收

钢材预处理

供平台结构使用的钢板和型材在运输堆放过程中会产生变形和腐蚀，这些材料

> 图252　导管架平台建造前的钢管预处理

到了船厂以后，首先要进行校平，表面除锈，然后上底漆等预处理工作。因为钢是很容易生锈的，若不经过预处理，等平台建造完成后，钢板至少要产生1/10的锈蚀。

材料放样与号料

材料放样与号料就是将设计图纸按比例展开，得到船体构件的真实形状与实际尺寸，然后再将这些已经展开的零件输入

> 图253　钢板的切割、号料

> 图254　钢板加工成型

至电脑控制的机床程序，通过切割机床在钢板上切割成型。

分段组装

这个过程的工作量很大，主要是在车间内把钢板和型材进行焊接，对接成分段，再用平板车将这些分段运输到现场。导管架平台等固定平台的主体和上部模块都在建造场地组装焊接，并完成设备安装，以减少海上安装的工作量。

> 图255　导管架平台主体的单片搭建

> 图256 导管架平台主体的分段搭建

平台合龙

平台合龙就是在船台上和船坞内把分段组合成整体。该过程涉及大量的起重和焊接作业，劳动强度很高，又因为对设备要求较高，所以该过程是平台生产中的瓶颈。导管架平台采用单片和组合体在滑道

> 图259 导管架平台的主框架翻身

> 图257 导管架的主体焊接

> 图258 导管架主体的船厂检验

> 图260 导管架组合体的吊装翻身

> 图261　导管架平台单片与
组合体的合龙

> 图262　合龙后的导管架平台

旁边建造，然后使用大型吊机将组合体和单片分别翻身，进行整体合龙。

合龙后的导管架平台侧卧，顶端较窄，底部较宽，可通过预先设置的滑道将导管架平台整体移动至运输驳船上。

平台拖拉装船

当导管架平台主体建造完毕后，将被拖拉装船，这个过程是平台建造中比较危险的过程，一旦发生事故，会造成整个平台报废。

目前，常用的导管架装船方法有两种。

一种是导管架直接采用起重船吊装的方式装船，操作简单，但吊装的重量轻，适用于小型的导管架平台。

另一种是对于大型的导管架，通常利用驳船上的绞车通过滑道拖拉到驳船上，再由驳船干拖至指定的海域安装，该方法较为普遍。在整个拖拉过程

> 图263　起重船吊着导管架装船

> 图264　导管架平台经由滑道方式

中，导管架重量从岸上向驳船上转移是最为关键的，稍有不慎，导管架无法放置到驳船上的预定位置，将没法满足拖航的要求，甚至可能发生倾覆的严重后果。

例如，残雪北井位的首个平台下部支撑结构导管架建成出厂，在深圳赤湾胜宝旺码头，导管架通过滑道顺利拖拉装船，并进行固定，再拖往平台井位。残雪北平台设计水深为95米，采用4腿8裙桩导管架结构形式。残雪北导管架4个角各设置2个垂直裙桩，桩径为1 829毫米，桩入土深度为90米，导管架重量为2 600吨。

 半潜式平台的建造

目前，我国半潜式平台的建造方式有以下几种：

坞内搭载法

平台在船坞内完成所有分段合龙，按照从底部到顶部顺序建造，完成坞内搭载后，依次开展码头舾装和系统调试环节。该建造方案遵循传统生产模式，充分利用船厂自身的资源。"海洋石油981"平台就

> 图265　东海残雪油田北导管架成功装船

第一个分段结构完工（2008.12）

第一个分段涂装完工（2008.12）

第一个总组段完工（2009.4）

平台坞内铺底（2009.4）

水平横撑搭载完成（2009.7）

立柱搭载完成（2009.8）

上船体开始搭载（2009.9）

双层底搭载完成（2009.9）

主船体贯通（2009.11）

钻台搭载（2009.12）

生活楼搭载（2010.1）

平台出坞（2010.2）

> 图266　"海洋石油981"平台建造流程

是采用了这种建造方法。

坞内巨型总段提升法

这种方法在不同地点完成巨型总段建造，在总装厂船坞内完成巨型总装整体提升合龙。在船坞内及坞墙上建造钢架，通过液压装置提升上船体，将下船体移至船坞内定位，将下船体合龙焊接。但是每次建造平台需量身定做钢架，材料耗费大，利用率低。

2013年，巴西Rio Grande船厂合龙"巴油P–55"大型半潜式平台，就是采用坞内巨型总段提升法建造的。

被提起的上部模块

船体拖进船坞

上下结构对位及焊接

出坞

> 图267　坞内巨型总段提升法流程

特大型起重设备吊装合龙法

这种建造方法需要起吊重量特别巨大的起重设备，如烟台中集莱福士船厂起重量2万吨的泰山吊。先在平地建造上部模块和下船体两大模块，然后利用船坞泰山吊进行整体吊装合龙。该方法使船坞占用周期大大缩短，并减少了高空作业的时间。

这台泰山吊已完成11座深水半潜式平

泰山吊

吊装D90半潜式平台上部模块

吊装完毕

出坞

> 图268 特大型起重设备吊装合龙法流程

台上下船体的大合龙。2015年6月18日，泰山吊吊起18 727吨的D90超深水半潜式钻井平台上船体，创世界高空吊装重量新纪录。

 FPSO的建造

现以"海洋石油118"为例，其建造流程如下：

> 图269 "海洋石油118"号FPSO建造

（1）根据油田开发方案设计图纸。

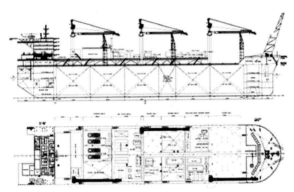

> 图270 "海洋石油118"号设计图纸

（2）切割钢材，并建造分段。

> 图271 分段建造

（3）船坞铺设支墩。

> 图272 支墩铺设

（4）铺底（吊装船底模块）。

> 图273 铺底

（5）大规模吊装合龙。

> 图274 合龙

（6）安装上部模块。

> 图275　上部模块安装

（7）同时进行船体合龙和上部模块的安装。

> 图276　船体合龙和上部模块安装

（8）刷漆并进行设备的调试和舾装。

> 图277　刷漆

（9）放水入船坞。

> 图278　船坞放水

（10）驶出船坞，并在码头上进行设备的安装调试。

> 图279　码头上设备安装调试

（11）拖航（大部分FPSO没有自航能力，需要通过拖航到达指定海域）。

> 图280　拖航

（12）单点对接，"海洋石油118"号成功完成对接。

> 图281　与内转塔浮筒对接

海洋油气开发装备的海上运输

海洋平台的建造场地距离作业海域较远，需将海洋平台从建造场地运输至海上作业区域进行安装。没有自航能力的海洋平台在海上的运输方式包括干拖、湿拖两种，有自航能力的海洋平台（如钻井船）则可自航到达工作地点。

"乘船"的平台——干拖运输

干拖就是采用驳船或半潜运输船像运货一样运输海洋平台。为了运输几千吨甚至上万吨的庞然大物，这些运输船舶的载重量都非常大。在干拖过程中最困难的环节是平台的装卸。吊装作业的起重船最大的起重能力也不过几千吨，为了装卸更重的海洋平台，必须要半潜运输船装卸了。半潜运输船经过特殊设计，布置有很大一块装载甲板。装卸时，船舱里灌水，船体下沉，装载甲板没入水中，水面只露出船艏和几块岛式建筑。这时可将浮在水面上的平台等大型装备用拖船拉到半潜运输船甲板上方。接着半潜运输船排水，载货甲板慢慢浮出水面，稳稳地接起所要运输的平台。到达目的地后，半潜运输船重新向船舱灌水，船体下沉，装载甲板再次没入水面，装运的平台浮起，与甲板脱

> 图283 "希望6"号圆筒形FPSO干拖运输

离，再由拖船把平台拖出半潜运输船甲板区域，就完成了一次装卸过程。

干拖过程跨越距离长，遭遇海况复杂恶劣，驳船和海洋平台联合体运动响应较大。另外，海洋平台干拖运输的进度应合理安排，否则平台无法按时到达安装地点，从而使运输安装的成本大大提高。

> 图282 半潜式平台干拖运输

> 图284　自升式平台海上干拖

 ## "破浪"的平台——湿拖运输

　　湿拖是指在漂浮状态下用拖轮移运海洋平台。如果把运输船运输海洋平台比作"乘船"，那么拖轮湿拖就如同"牵引式破浪"，平台利用浮力漂浮在水中，并依靠拖轮产生的牵引力前行。如自升式平台，湿拖时自升式平台的船体漂浮在海面上，桩腿升到船体之上，因受风浪作用，自升式平台的船体像船舶一样会产生摇摆运动。

　　拖航时需要的拖船一般包括主拖船和

> 图285　自升式平台海上湿拖

> 图286 主拖船和辅拖船
配合完成自升式平台的海上湿拖

辅拖船。主拖船为拖航作业中从事拖带平台航行的船舶。辅拖船为拖航作业中从事人员和货物运输、护航、清道以及协助平台起抛锚和定位作业，并在特定条件下需具备拖航能力的船舶。有时拖航作业还需具备拖航能力的护航船，它也是辅拖船的一种。

自升式平台只有在船体完全升离水面后，才具有良好的抗风暴性能。若拖航期间遇到风暴，且超过平台拖航时能够承受的海况，需要在确认海底情况后，强行插桩，尽快将平台升船离开水面，等待天气好转后再继续拖航。

> 图287 立柱式平台湿拖

海洋油气开发装备的安装

通常，一座平台式的装备可分为下部结构和上部模块两个部分，下部结构主要是桁架钢结构（如导管架平台）或浮筒立柱结构（如立柱式平台），用于支撑或提供浮力；上部模块除了框架钢结构以外，还有电气、油气生产、钻井、生活辅助等诸多设备，布置十分复杂，所需建造、装配和调试的时间非常长。

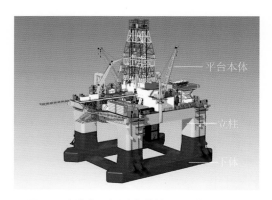

> 图288 半潜式平台的上部模块和下部结构

如果先将下部结构建好再建造上部模块，整个平台的建造工期就会非常长，会延误油田的开发进度，为此可将上部模块和下部结构分别建造，再进行安装拼接和调试，这样既节约了安装时间和成本，又省去了海上调试的时间。目前，平台海上整体模块化安装主要有浮吊法和浮托法两种。

浮吊法是通过大型起重船将上部模块从运输船上吊起，然后准确下放到平台的下部结构上。这种方法一般在5 000吨以下的中小型上部模块安装中较常用。浮吊

> 图289 浮吊法安装

法受到起吊能力、结构强度和结构物尺寸等因素的限制，加上这些巨型起重船租用价格昂贵、数量稀少等原因，组块安装的成本和时间随平台重量呈指数增长，因此对大型平台组合安装能力有限。

浮托法是使用运输驳船将上部模块托举到安装位置，在系泊索和拖轮辅助下定位，并与下部结构对准，再利用潮位变化并增加驳船吃水，将上部模块的质量缓慢转移到下部结构上。这种方法并不需要昂贵的起重船，只需要普通的运输驳船即可完成，并且起重能力大，非常适合大中型平台的海上安装。目前，安装中既可以使用单船进入平台立柱中间进行浮托，也可以使用双船位于平台两侧进行浮托。相比于浮吊法，浮托法安装成本较低，耗时较短，受水深和风浪条件等因素制约较少，逐渐成为海上平台组块安装的主流方法。

海上平台浮托安装主要包括进船、对接、沉放、退船四个阶段：承载着数万吨上部模块的安装船首先开进腿柱内，精确对准各个腿柱，并通过调节压载水将上部模块重量逐步转移到导管架上，然后继续增加压载水实现船体与上部模块彻底分离，最后将船体退出导管架，完成整个安装过程。

该安装作业的海洋环境复杂多变，对气候窗、船体运动、受力等要求都很苛刻。这项技术的难度堪比"天宫二号"的太空对接，一直被国外少数国家垄断。经过多年的技术创新和突破，目前我国已成功攻克了海上浮托的关键技术，成为世界上少数几个完整掌握浮托技术的国家。并在浮托种类数量、作业难度和技术复杂性等方面均位居世界前列，能够熟练运用锚系浮托法、低位浮托法、动力定位浮托法等多种方式进行海上安装作业，实现了世界主流浮托方式的"大满贯"。

例如，世界第二大海上平台组块——"荔湾3-1"中心平台，就是采用锚缆浮托法进行安装的。浮托重量达3.2万吨，相当于5个埃菲尔铁塔或400多辆坦克，这一庞大的"身材"为海上作业带来了重重风险。

浮托前后完全依赖锚缆的作用力抵抗涌浪保持平衡，牵引锚缆的七条船必须配

> 图290　单船浮托法安装

> 图291　双船浮托法安装

> 图292 "锦州9-3"油田CEPD组块浮托现场

合得像一条船，纵向缆的控制必须灵活敏捷如同左右手，才能确保驳船在进入导管架前不会失衡在南海波谲云诡的环境里。

重量超过 10 500 吨的模块也是采用托举法安装的。在"海洋石油278"船的托举下，完成了与导管架的精准对接，获得了圆满的成功。

当日，"海洋石油278"船干净利落地完成了从进船、荷载转移到退船的全过程，作业速度极快。

这是中海油首次超浅水浮托安装作业，也是"锦州9-3"油田综合调整项目的第一个海上平台。

在之前的9年中，中海油已完成16个浮托安装项目，全面掌握了世界领先的浮托安装技术，此次浮托与之前的数次作业相比，具有显著的区别。本次浮托作业水深在7.5～9.4米之间，属于极浅水；潮差最大时，施工船与海床最小间距仅约1米，施工船很可能触底、造成无法安全撤船等施工风险。为此，施工人员一改过去施工船"高潮进、低潮出"的模式，转而采用"涨潮进、高潮出"模式，潮汐的作用也由过去的"辅助角色"变成了"关键角色"。同时，新建平台与老平

> 图293 连接导管架与驳船交叉缆的现场

> 图294 浮托安装施工现场

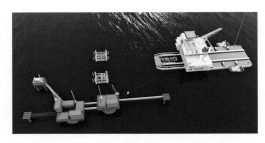

> 图295　水池仿真模拟实验

台之间距离只有70米远，水下管线更是如蛛网般密集。为此，施工人员将6个浮桶依次串到锚缆上，以避免出现剐蹭事故。

施工前，渤海石油管理局与上海交通大学联合设计了组块浮托水池仿真模拟实验，从源头管控重大作业风险。加上在平台、导管架设计、建造、水下连接等方面的创新，成为中海油浅水施工的新型成功案例，展现了中海油在极浅水海上安装技术上的重大成就。

海洋油气开发装备的拆除

随着我国海上石油开发利用的不断发展，越来越多的海上石油平台到达设计寿命，需要采取一定措施对这些平台进行处置，以确保海洋石油生产安全，保护海洋环境。海上石油平台的设计寿命一般为20年，根据相关法律法规，当离岸平台的使用寿命到期时，如果没有其他用途，则必须报废。因此，海洋拆解平台应运而生。

 海洋拆解平台

海洋拆解平台是近几年根据市场需求兴起的结构物，是一种海上拆卸装置。为方便实施平台拆装作业，平台配有特殊的起重设备，起重臂用于平台模块拆卸安装，摆动梁架式起重机用来对导管架实施拆卸安装。

> 图296　海洋拆解平台

　　海洋拆解平台形式具有多样性，以实现不同海洋平台的拆卸。平台安装紧固、切割、顶升、起重等特殊的设备，可以完成海洋平台上部模块、主体的拆卸、吊运等工作。

　　平台的紧固装置用来抓牢平台主体；切割设备用来切割上部模块与平台主体的连接结构；起重/顶升装置用来提升平台上部模块及主体结构。拆解平台一般还配有运动补偿系统和动力定位系统，以精准控制海洋拆解平台的运动轨迹。

> 图297　拆解平台的紧固系统

目前，国外的拆解平台按照拆解的吨位，可分为单船设计和多船设计。单船拆解平台功能较为简单，主要用于钻井平台拆除设备的吊运。大型的拆解平台多采用双体船设计，并有一系列定制的起重机在其两个船头之间的位置停放，通过单次作业将整个上部模块吊起并移除。两个船头可在钻井平台的一侧分别停靠。当钻井平台处于两个船头之间的空隙处，起重机的吊臂就滑动到上部模块的下方，将它抓举起来。这样能够拆除钻井平台大部分的上部模块，并将其进行回收利用。

到目前为止，海洋拆解平台的设计及建造仅限于国外市场，国内的拆解平台尚处于研发及概念设计阶段，不过国内相关船厂已与国外公司签订了该类平台的建造合同，针对实船的建造指日可待。

> 图298　紧固装置准备与平台柱体固接

> 图299　顶升装置将平台上部模块顶起

> 图300　尾部U形的海洋拆解平台

> 图301 双船形的海洋拆解平台

> 图302 半潜船形式的海洋拆解平台

海洋拆解平台的工作流程

以拆除导管架平台为例介绍拆解平台的工作流程，整个拆除工作分两部分：上部平台模块拆除和导管架拆除。

上部平台模块拆除需要选择适宜的时间和海况，实施拆除平台作业。

（1）船体移至导管架平台附近，通过U形豁口实现对平台包围，随后从平台伸出起重臂与上部模块的支撑柱体紧固。

（2）调节提升设备，实施上部模块的抬升、移除工作。

> 图303 海洋拆解平台起重臂与上部模块柱体紧固

> 图304 上部模块的抬升和移除

> 图305 海洋拆解平台的就位

（3）实施导管架拆除工作，将提升装置对准导管架主体。

> 图306 提升装置与导管架主体对齐

（5）启动提升装置，实施导管架提升作业工作。

> 图308 导管架提升作业

（4）通过调节提升装置，实现钢索与导管架的顶部连接。

> 图307 钢索与导管架的顶部连接

（6）调节提升装置，使导管架平台主体装至平台甲板上，绑扎就位后整体运走。

> 图309 拆解平台就位后运走

目前，全球油气储量增长乏力，远远无法弥补每年的消耗量，使得世界石油工业面临着极大的考验。与此同时，全球的油气消耗量仍将以较快的速度增长。油气田勘探开发将逐渐由陆地转向海洋，并由近海向深远海发展。此外，海上风能、核能及可燃冰等新能源的开发利用，以及超大型浮式平台的开发，也是未来海洋工程装备的发展趋势。

可燃冰钻采平台

可燃冰（学名天然气水合物）在全球分布广泛，储量丰富，1立方米可燃冰燃烧释放的热量相当于164立方米天然气燃烧产生的热量，具有极高的资源价值。可燃冰在海底区域的分布面积就达4 000万平方千米，占地球海洋总面积的1/4。目前，世界上已发现的可燃冰分布区多达116处，其矿层之厚、规模之大是常规天然油气田无法比拟的。科学家们估计，海底可燃冰的储量至少够人类使用1 000年。据测算，我国南海可燃冰的资源量为700亿吨油当量，约相当于我国陆上石油、天然气资源量总数的二分之一。

美国、日本等国均已经在各自海域发现并开采出可燃冰。我国可燃冰的调查和勘探开发也取得了重大突破。1999年，国家有关部门正式启动可燃冰资源调查，并整合了国内各方面优势力量。2007年5月1日，我国在南海北部首次采样成功，证实了我国南海北部蕴藏有丰富的可燃冰资源，成为继美国、日本、印度之后第四个通过国家级研发计划采到天然气水合物实物样品的国家，标志着我国可燃冰调查研究水平已步入世界先进行列。2017年5月18日，我国在南海北部神狐海域开展的可燃冰试采获得成功，标志着我国成为全球第一个实现在深海海域可燃冰试开采中获得连续稳定产气的国家。

可燃冰钻采船是专业化程度非常高的海洋工程装备。目前，兼顾可燃冰钻探和大洋科学钻探两种功能的只有美国的"决心"号和日本的"地球"号钻探船。设计建造具有自主知识产权的可燃冰钻采船是我国海洋工程装备研发人员努力的方向。

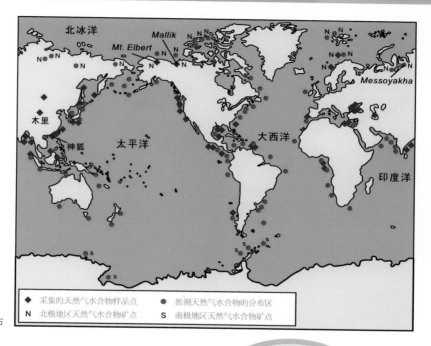

> 图310　可燃冰的分布

> 图311　美　国
"决心"号钻探船

> 图312　日本"地球"号钻
探船

海洋核动力平台

核动力是利用可控核反应来获取能量，从而得到动力。这种动力强大而持久，使得目前可供开发利用的其他动力在其面前都黯然失色。

海洋核动力平台也是未来海洋平台的发展方向之一。海洋核动力平台是海上移动式小型核电站，是小型核反应堆与船舶工程的有机结合，可为海洋石油开采和偏远岛屿提供安全、有效的能源供给，也可用于大功率船舶和海水淡化领域。

长期以来由于电力供应问题，南沙岛礁驻岛官兵淡水供应得不到保障，只能通过小船往岛屿上送桶装水。遇上极端海上天气，可能官兵们就得依靠雨水生活。因为缺少淡水，官兵们可能很长时间都不能洗澡。

目前，我国已经开发出先进的淡水处理技术，只要有电力供应，南海岛礁上的水电供应就不成问题。2016年1月，由广州中国科学院先进技术研究所和南方海上风电联合开发有限公司在珠海桂山岛联合共建的柴油发电机组缸套冷却水废热驱动的海水淡化示范系统成功调试出水。该套

> 图313　海洋核动力平台

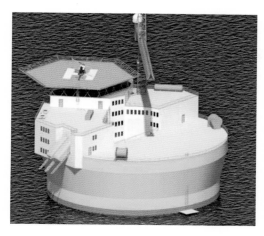

> 图314　圆筒式海上浮动式核电站

> 图315　混凝土重力基础结构的海上核电站

海水淡化装置额定日产淡水60吨，水质达到国家饮用水卫生标准。该淡水处理技术达到国内领先、世界先进的水平，对解决海岛淡水资源短缺问题具有重大意义。

再有，我国计划在南海岛礁进行酒店、景点开发，也因为缺少电力及淡水供应，所以不能实现。

此外，我国在南海岛礁上建设的大型基础设施也都需要强大的电力供应系统支撑。

海洋核动力平台的建造将支撑起我国对南海地区进行实际控制、商业开发的能力。未来得益于南海电力和能源系统建设力度的加强，我国将加快南海地区的商业开发。

官方资料显示，海洋核动力平台属国内首创，平台技术可填补我国在民用核动力船舶领域的技术空白，形成具有自主知识产权的核心技术，对我国开发利用新能源和全球能源的发展具有重大意义和深远影响。

> 图316　中船重工提出的海洋核动力平台概念

中船重工在2017年1月份公布的一则消息显示，该公司申报的国家能源重大科技创新工程——海洋核动力平台示范工程项目已经得到国家发改委的同意，这将为实现中国海洋核动力平台零的突破奠定基础。

国家发改委在复函中同意中船重工设立海洋核动力平台示范工程项目时表示，根据中央财经领导小组第六次会议精神和中国海洋经济发展需要，按照《国家能源科技重大示范工程管理办法》要求，支持中船重工申报的海洋核动力平台示范工程项目列为国家能源重大科技创新工程。

超大型浮体

超大型浮体也是海洋平台发展趋势之一。与传统海洋浮式结构物不同，所谓超大型浮式结构物（VLFS），指的是那些水平方向尺度以千米计，厚度远小于水平方向尺度，水平方向尺度与厚度方向尺度的比值非常大的海洋浮式结构物。

与围海造田和排水围垦等传统海洋开发方法相比，采用超大型浮体具备以下优势：

（1）VLFS相对围海造地建造成本低，尤其是在深水情况下体现得更明显。

（2）VLFS对海洋生态影响小，不会破坏海洋生态平衡和对潮沙、洋流产生影响。

（3）VLFS易建造，工期短，元部件

> 图317　超大型浮体

可在不同车间生产后组装，加快海洋开发效率。由于其模块化特点，可进行扩展。

（4）VLFS非常灵活，可以随时撤离，恢复海域原样。

（5）VLFS上的设施和结构不受地震影响，因为它们本身都是以孤立形式存在的。

（6）VLFS可以沿海岛或岛群为依托，带有永久或半永久性，具有多功能用途。

> 图319 采用大型浮体存放放射性污水

> 图318 超大型浮式码头

此外，VLFS的研究和开发将对某一区域的社会、经济活动乃至政治、军事格局产生决定性的影响，其主要的用途体现在以下四个方面：

（1）社会用途：在近海建设超大型浮体作为海上城市供居民居住，缓解陆地城市居住用地紧张问题。

（2）科研用途：为了能够更有效率地开发海洋资源，在条件允许的海域建立资源开发和科研工作基地。

（3）工业用途：把一些原本应该建在陆地上的带有危险性或对环境可能造成不良影响的设施，如核电站、废物处理厂等，移至或新建在近海海域，减少给陆地带来的不良环境影响。

（4）军事、政治用途：在国际海域上建立合适的军事基地，可以对某地区的政治、军事格局产生战略性影响。

目前，世界上除了日本和美国两个国家以外，越来越多的国家开始致力于超大型浮体的研究与开发，包括韩国、新加坡、挪威、俄罗斯等在内的多个国家相继推进超大型浮体的研究计划，并且取得了大量的研究成果。我国陆地面积辽阔，同时也拥有着非常可观的海岸线，我国的海岸线总长接近2万千米，位居世界前列，我国的水域面积（包括内海与边海的水域面积）达到473万平方千米，同样位列世界前列。如此之长的海岸线以及水域面积给我国带来了十分丰富的海洋资源，这给我国在发展海洋经济方面提供了巨大的资源优势和发展潜力。因此，超大型浮体的

研究和开发显得越来越重要，也是我国进一步大力开发海洋资源的有力措施，将有效缓解我国能源供求紧张局面，同时对加快我国国民经济建设起着巨大的作用。此外，超大型浮体还将对我国的国防建设带来强有力的补充。

> 图320　海上浮式机场

参考文献

1. 汪张棠."中油海3"号坐底式钻井平台[J].上海造船，2009（2）：54-54.

2. 王国清.世界海洋石油与天然气资源分布特点[J].地理科学进展，1982，1（3）：58-58.

3. 张耀光，刘岩，李春平，等.中国海洋油气资源开发与国家石油安全战略对策[J].地理研究，2003，22（3）：297-304.

4. 须雪豪，陈琳琳，汪企浩.东海陆架盆地中生界地质特征与油气资源潜力浅析[J].海洋石油，2004，24（3）：1-7.

5. 姚伯初，刘振湖.南沙海域沉积盆地及油气资源分布[J].中国海上油气，2006，18（3）：150-160.

6. 白增林，白新建.大型导管架平台的建造与安装[J].中国修船，2007，20（1）：63-64.

7. 谭越，李新仲，王春升.深水导管架平台技术研究[J].中国海洋平台，2016，31（1）：17-22.

8. 侯金林，于春洁，沈晓鹏.深水导管架结构设计与安装技术研究——以荔湾3-1气田中心平台导管架为例[J].中国海上油气，2013，25（6）：93-97.

9. 郑渊.海上平台类型及其开发模式简要分析.豆丁网，http://www.docin.com/p-1373337047.html.

10. 汪张棠，赵建亭.自升式钻井平台在我国海洋油气勘探开发中的应用和发展[J].船舶，2008，10：15.

11. 汪张棠，赵建亭.我国自升式钻井平台的发展与前景[J].中国海洋平台，2008，23（1）：8-13.

12. 孙景海.自升式平台升降系统研究与设计[D].[硕士学位论文].哈尔滨：哈尔滨工程大学，2010.

13. 王越，杨亮.自升式钻井平台简论[J].船舶设计通讯，2011：73-80.

14. 单连政，董本京，刘猛，等.浅议FPSO技术的研究现状与发展趋势[J].中国造船，2009（11）：126-130.

15. 杨进，曹式敬.深水石油钻井技术现状及发展趋势[J].石油钻采工艺，2008，30（2）：10-13.

16. 刘海霞.深海半潜式钻井平台的发展[J].船舶，2007（3）：6-10.

17. 窦培林，袁洪涛，宋金扬，等.深水半潜式钻井平台DP3动力定位系统设计和应用[J].海洋工程，2010，28（4）：117-121.

18. 韩凌，杜勤.深水半潜式钻井平台锚泊系统技术概述[J].船海工程，2007，36（3）：82-86.

19. 谢彬，王世圣，冯玮，等.3 000 m水深半潜式钻井平台关键技术综述[J].

高科技与产业化，2008，4（12）：34–36.

20. 陈刚，吴晓源.深水半潜式钻井平台的设计和建造研究［J］.船舶与海洋工程，2012，（1）：9–14.

21. 张帆，杨建民，李润培.Spar平台的发展趋势及其关键技术［J］.中国海洋平台，2005，20（2）：6–11.

22. 黄维平，白兴兰，孙传栋，等.国外Spar平台研究现状及中国南海应用前景分析［J］.中国海洋大学学报（自然科学版），2008，38（4）：675–680.

23. 顾罡.国外Spar平台研究与发展综述［J］.舰船科学技术，2008，30（3）：167–170.

24. 李志海，徐兴平，王慧丽.海洋平台系泊系统发展［J］.石油矿场机械，2010，39（5）：75–78.

25. 张辉，王慧琴，王宝毅.国外SPAR平台现状与发展趋势［J］.石油工程建设，2011，37（11）：1–7.

26. 石红珊，柳存根.Spar平台及其总体设计中的考虑［J］.中国海洋平台，2007，22（2）：1–4.

27. 杨雄文，樊洪海.Spar平台结构型式及总体性能分析［J］.石油矿场机械，2008，37（5）：32–35.

28. 董艳秋，胡志敏，张翼.张力腿平台及其基础设计［J］.海洋工程，2000，18（4）：63–68.

29. 鲍莹斌，舒志，李润培.中等水深轻型张力腿平台型式研究［J］.海洋工程，2001，19（2）：7–12.

30. 董艳秋，胡志敏，马驰.深水张力腿平台的结构形式［J］.中国海洋平台，2000，15（5）：1–5.

31. 杨春晖，董艳秋.深海张力腿平台发展概况及其趋势［J］.中国海洋平台，1997（6）：255–258.

32. 闫功伟，欧进萍.新型分离式张力腿平台概念设计［J］.科学技术与工程，2012，12（8）：1724–1732.

33. 黄维平，刘建军，赵战华.海上风电基础结构研究现状及发展趋势［J］.海洋工程，2009，27（2）：130–134.

34. 张海亚，郑晨.海上风电安装船的发展趋势研究［J］.船舶工程，2016，（1）：1–7.

35. 谭越，刘聪，王春升，等.渤海湾可移动核电平台方案研究［J］.海洋工程装备与技术，2017，4（3）：157–161.

36. 中国超级巨型海上平台项目曝光.中国水运网，［2015–04–20］.http://www.zgsyb.com/html/content/2015–04/20/content_299045.shtml.

37. 许鑫.浮托安装系统耦合动力响应研究［D］：［博士学位论文］.上海：上海交通大学，2014.

38. 陈宏，李春祥.自升式钻井平台的发展综述［J］.中国海洋平台，2007，22（6）：1–6.

39. 任贵永，孟昭瑛.坐底式平台特性及其在浅海开发中的应用［J］.中国海洋平台，1994，（3）：32–35.

40. 张太佶.认识海洋开发装备和工程船［M］.北京：国防工业出版社，2015.

41. 廖佳佳，张太佶.怎样寻找海洋石油与天然气宝藏［M］.北京：海洋出版社，2017.

后 记

新中国成立以来，我国舰船与海洋工程装备从小到大，由弱变强，实现了跨越式发展，为捍卫我国海疆和保障国民经济的发展作出了巨大贡献。为了使广大青少年和公众读者了解到我国舰船研制的艰难历程和取得的成就，中国船舶及海洋工程设计研究院、上海市船舶与海洋工程学会、上海交通大学及上海科学技术出版社密切携手，编纂出版"国之重器——舰船科普丛书"，向中华人民共和国建国70周年献礼。

此套丛书编写得到曾恒一院士、潘镜芙院士以及80多位新老科学家的响应和支持，为其顺利出版奠定了基础。丛书编纂中，注重原创，努力将科学性、权威性、严谨性贯穿始终，把技术性、知识性、趣味性融于一体，把舰与船的专业知识从学术殿堂驶达青少年和公众读者的心田。

上海市船舶与海洋工程学会理事长邢文华、中国船舶及海洋工程设计研究院党委书记卢霖、江南造船（集团）有限责任公司董事长林鸥、沪东中华造船（集团）有限公司纪委书记胡敬东等领导对这套丛书的编撰出版予以多方支持和鼓励，并明确指示：该丛书的编撰是一项系统工程，

要求高、时间紧、工作量大，要发挥科技人员的参与意识和普及"国之重器"科学知识的积极性，努力把丛书编好，使它成为一部向广大青少年和公众读者科学普及舰船知识，弘扬海洋文化，开展国防教育的好丛书。

100多位从事舰船及海洋工程科研、设计、建造的专家和老、中、青三代科技工作者参与了丛书的编写。撰写者大多是肩负科研任务的一线科研工作者，只能利用业余时间进行编写；他们不是专业的科普作者，但要完成从建造者到教育者、从设计员到讲解员的角色转换；学术著作可以精尖高深，科普文章却要浅显易懂，要像对学生上课一样，心口相传，绘声绘色，这对他们而言绝非易事。但面对困难，他们不曾退缩。在大家的心中，参与丛书编撰不仅是对投身舰船科研、设计、建造实践的重塑，更是为了中国造船事业后继有人、薪火相传。从领受编撰任务的那一天起，他们酝酿推敲、遴选谋篇、不辞辛劳、不舍昼夜，把对科学的爱、对祖国的情凝练成书香墨宝。

历经2年，这部丛书终于与读者见面了。丛书的编撰得到众多单位支持，并成立丛书专家委员会，严格遵循资料汇

总、提纲拟制、内容撰写、审查把关、全稿统筹的编纂规律，先后多次召开书稿初审会、复审会和终审会，确保内容准确、权威。

因此，"国之重器——舰船科普丛书"具有以下特点：

一是广泛性。丛书涵盖了当今世界主要舰（船）种，内容包括舰船的诞生、发展历程、关键系统设备和发展前景等，是目前已出版舰船科普丛书中较齐全、较系统的一套科普丛书。

二是原创性。目前市场上有关舰船方面的科普图书屡见不鲜，但引进的多，原创的少，而这套丛书立足于国内舰船研制历程，经过精心策划，历经2年的努力原创而成。

三是权威性。丛书由中国船舶及海洋工程设计研究院、上海市船舶与海洋工程学会和上海交通大学主编，联合江南造船（集团）有限责任公司、沪东中华造船（集团）有限公司、上海外高桥造船有限公司、中国海洋石油集团有限公司等单位，还成立了由曾恒一院士、潘镜芙院士领衔的专家委员会对丛书内容进行专业技术上的把关，保证了此书的科学性和权威性。

四是充满情怀。习近平总书记指出：科技创新、科学普及是实现国家创新发展的两翼，要把科学普及放在与科技创新同等重要的位置。丛书正是基于这一精神向全民，特别是青少年介绍舰船科技知识，弘扬科学精神，传播科学思想和科学方法，激发爱国热情，使全民关心、热爱、支持国防建设和舰船事业的发展，为实现强军梦、强国梦尽一份心力。

五是集体创作。老、中、青100多位科技工作者参加丛书编撰，每分册从提纲到初稿、定稿，均经众人讨论、修改，所以说丛书是集体创作的成果。

丛书编写过程中参考了一些书籍和报刊，引用了一些观点和图片，在此表示诚挚的谢意。

中国工程院曾恒一院士对本书编写提出宝贵意见，从事海洋工程研发设计的魏跃峰、单铁兵数易其稿，中海油研究总院谢彬研究员多次校审。在丛书出版发行之际，向各位专家、全体编撰人员，以及关心、支持丛书编撰出版的有关单位和个人表示崇高的敬意。

对于书中不妥之处，希望广大读者予以指正。

张 毅

2018年8月

国之重器 —— 舰船科普丛书

出版工作委员会

　　本书内容由中国船舶及海洋工程设计研究院审定。本书所使用的图片由中国船舶及海洋工程设计研究院、上海市船舶与海洋工程学会、上海交通大学、江南造船（集团）有限责任公司、沪东中华造船（集团）有限公司、上海外高桥造船有限公司、中国海洋石油集团有限公司、中船重工第七一四研究所、少年儿童出版社等提供。

　　特别说明：本书中可能存在未能联系到版权所有者的图片，请见书后与上海科学技术出版社联系。